广西农作物种质资源

丛书主编 邓国富

果树卷

陈东奎 邓铁军 尧金燕 等 著

科学出版社

北京

内 容 简 介

本书概述了广西果树资源的类型、分布和优异特性，选录了第三次全国农作物种质资源普查期间收集、征集的200份栽培和野生果树资源，图文并茂，对每份资源的采集地、主要特征特性、优异性状及利用进行了详细介绍。

本书旨在提供广西果树种质资源信息，为果树种质资源保护和保存提供参考依据，适合大专院校师生、农业科研人员、农业管理部门工作者、果树种植及水果加工从业人员等阅读参考。

图书在版编目（CIP）数据

广西农作物种质资源. 果树卷/陈东奎等著. —北京：科学出版社，2020.6

ISBN 978-7-03-064981-2

Ⅰ. ①广… Ⅱ. ①陈… Ⅲ. ①果树-种质资源-广西 Ⅳ. ①S32

中国版本图书馆CIP数据核字（2020）第072511号

责任编辑：陈　新　闫小敏/责任校对：郑金红
责任印制：肖　兴/封面设计：金舵手世纪

科学出版社 出版
北京东黄城根北街16号
邮政编码：100717
http://www.sciencep.com

北京九天鸿程印刷责任有限公司 印刷
科学出版社发行　各地新华书店经销

*

2020年6月第　一　版　　开本：787×1092　1/16
2020年6月第一次印刷　　印张：12
字数：285 000
定价：198.00 元
（如有印装质量问题，我社负责调换）

"广西农作物种质资源"丛书编委会

主　编
邓国富

副主编
李丹婷　刘开强　车江旅

编　委
（以姓氏笔画为序）

卜朝阳	韦　弟	韦绍龙	韦荣福	车江旅	邓　彪
邓杰玲	邓国富	邓铁军	甘桂云	叶建强	史卫东
尧金燕	刘开强	刘文君	刘业强	闫海霞	江禹奉
祁亮亮	严华兵	李丹婷	李冬波	李秀玲	李经成
李春牛	李博胤	杨翠芳	吴小建	吴建明	何芳练
张　力	张自斌	张宗琼	张保青	陈天渊	陈文杰
陈东奎	陈怀珠	陈振东	陈雪凤	陈燕华	罗高玲
罗瑞鸿	周　珊	周生茂	周灵芝	郎　宁	赵　坤
钟瑞春	段维兴	贺梁琼	夏秀忠	徐志健	唐荣华
黄　羽	黄咏梅	曹　升	望飞勇	梁　江	梁云涛
彭宏祥	董伟清	韩柱强	覃兰秋	覃初贤	覃欣广
程伟东	曾　宇	曾艳华	曾维英	谢和霞	廖惠红
樊吴静	黎　炎				

审　校
邓国富　李丹婷　刘开强

本书著者名单

主要著者
陈东奎　邓铁军　尧金燕　李冬波　邓　彪

其他著者
(以姓氏笔画为序)

王小媚　韦　弟　韦荣福　韦莉萍　方　仁　方位宽
龙　兴　任　惠　刘业强　刘洁云　苏祖祥　李一伟
陆贵锋　陈伯伦　罗瑞鸿　徐　宁　唐文忠　黄　羽
黄其椿　梁桂东　彭宏祥　董　龙　廖惠红

Foreword 丛书序

农作物种质资源是农业科技原始创新、现代种业发展的物质基础，是保障粮食安全、建设生态文明、支撑农业可持续发展的战略性资源。近年来，随着自然环境、种植业结构和土地经营方式等的变化，大量地方品种迅速消失，作物野生近缘植物资源急剧减少。因此，农业部（现称农业农村部）于2015年启动了"第三次全国农作物种质资源普查与收集行动"，以查清我国农作物种质资源本底，并开展种质资源的抢救性收集。

广西壮族自治区（后简称广西）是首批启动"第三次全国农作物种质资源普查与收集行动"的省（区、市）之一，完成了75个县（市）农作物种质资源的全面普查，以及22个县（市、区）农作物种质资源的系统调查和抢救性收集，基本查清了广西农作物种质资源的基本情况，结合广西创新驱动发展专项"广西农作物种质资源收集鉴定与保存"，收集各类农作物种质资源2万余份，开展了系统的鉴定评价，筛选出一批优异的农作物种质资源，进一步丰富了我国农作物种质资源的战略储备。

在此基础上，广西农业科学院系统梳理和总结了广西农作物种质资源工作，组织全院科技人员编撰了"广西农作物种质资源"丛书。丛书详细介绍了广西农作物种质资源的基本情况、优异资源及创新利用等情况，是广西开展"第三次全国农作物种质资源普查与收集行动"和实施广西创新驱动发展专项"广西农作物种质资源收集鉴定与保存"的重要成果，对于更好地保护与利用广西的农作物种质资源具有重要意义。

值此丛书脱稿之际，作此序，表示祝贺，希望广西进一步加强农作物种质资源保护，深入推动种质资源共享利用，为广西现代种业发展和乡村振兴做出更大的贡献。

中国工程院院士 刘 旭

2019年9月

Preface 丛书前言

广西地处我国南疆，属亚热带季风气候区，雨水丰沛，光照充足，自然条件优越，生物多样性水平居全国前列，其生物资源具有数量多、分布广、特异性突出等特点，是水稻、玉米、甘蔗、大豆、热带果树、蔬菜、食用菌、花卉等种质资源的重要分布地和区域多样性中心。

为全面、系统地保护优异的农作物种质资源，广西积极开展农作物种质资源普查与收集工作。在国家有关部门的统筹安排下，广西先后于1955~1958年、1983~1985年、2015~2019年开展了第一次、第二次、第三次全国农作物种质资源普查与收集行动，还于1978~1980年、1991~1995年、2008~2010年分别开展了广西野生稻、桂西山区、沿海地区等单一作物或区域性的农作物种质资源考察与收集行动。

广西农业科学院是广西农作物种质资源收集、保护与创新利用工作的牵头单位，种质资源收集与保存工作成效显著，为国家农作物种质资源的保护和创新利用做出了重要贡献。经过一代又一代种质资源科技工作者的不懈努力，全院目前拥有野生稻、花生等国家种质资源圃2个，甘蔗、龙眼、荔枝、淮山、火龙果、番石榴、杨桃等省部级种质资源圃7个，保存农作物种质资源及相关材料8万余份，其中野生稻种质资源约占全国保存总量的1/2、栽培稻种质资源约占全国保存总量的1/6、甘蔗种质资源约占全国保存总量的1/2、糯玉米种质资源约占全国保存总量的1/3。通过创新利用这些珍贵的种质资源，广西农业科学院创制了一批在科研、生产上发挥了巨大作用的新材料、新品种，例如：利用广西农家品种"矮仔占"培育了第一个以杂交育种方法育成的矮秆水稻品种，引发了水稻的第一次绿色革命——矮秆育种；广西选育的桂99是我国第一个利用广西田东普通野生稻育成的恢复系，是国内应用面积最大的水稻恢复系之一；创制了广西首个被农业部列为玉米生产主导品种的桂单0810、广西第一个通过国家审定的糯玉米品种——桂糯518，桂糯518现已成为广西乃至我国糯玉米育种史上的标志性品种；利用收集引进的资源还创制了我国种植比例和累计推广面积最大的自育甘蔗品种——桂糖11号、桂糖42号（当前种植面积最大）；培育了一大批深受市场欢迎的水果、蔬菜特色品种，从钦州荔枝实生资源中选育出了我国第一个国审荔枝新品种——贵妃红，利用梧州青皮冬瓜、北海粉皮冬瓜等育成了"桂蔬"系列黑皮冬瓜（在华南地区市场占有率达60%以上）。1981年建成的广西农业科学院种质资源库是我国第一座现代化农作物种质资源库,是广西乃至我国农作物种质资源保护和创新利用的重要平台。这些珍贵的种质资源和重要的种质创新平台为推动我国种质创新、提高生物育种效率发挥了重要作用。

广西是2015年首批启动"第三次全国农作物种质资源普查与收集行动"的4个省(区、市)之一,圆满完成了75个县(市)主要农作物种质资源的普查征集,全面完成了22个县(市、区)农作物种质资源的系统调查和抢救性收集。在此基础上,广西壮族自治区人民政府于2017年启动广西创新驱动发展专项"广西农作物种质资源收集鉴定与保存"(桂科AA17204045),首次实现广西农作物种质资源收集区域、收集种类和生态类型的3个全覆盖,是广西目前最全面、最系统、最深入的农作物种质资源收集与保护行动。通过普查行动和专项的实施,广西农业科学院收集水稻、玉米、甘蔗、大豆、果树、蔬菜、食用菌、花卉等涵盖22科51属80种的种质资源2万余份,发现了1个兰花新种和3个兰花新记录种,明确了贵州地宝兰、华东葡萄、灌阳野生大豆、弄岗野生龙眼等新的分布区,这些资源对研究物种起源与进化具有重要意义,为种质资源的挖掘利用和新材料、新品种的精准创制奠定了坚实的基础。

为系统梳理"第三次全国农作物种质资源普查与收集行动"和"广西农作物种质资源收集鉴定与保存"的项目成果,全面总结广西农作物种质资源收集、鉴定和评价工作,为种质资源创新和农作物育种工作者提供翔实的优异农作物种质资源基础信息,推动农作物种质资源的收集保护和共享利用,广西农业科学院组织全院20个专业研究所200余名专家编写了"广西农作物种质资源"丛书。丛书全套共12卷,分别是《水稻卷》《玉米卷》《甘蔗卷》《果树卷》《蔬菜卷》《花生卷》《大豆卷》《薯类作物卷》《杂粮卷》《食用豆类作物卷》《花卉卷》《食用菌卷》。丛书系统总结了广西农业科学院在农作物种质资源收集、保存、鉴定和评价等方面的工作,分别概述了水稻、玉米、甘蔗等广西主要农作物种质资源的分布、类型、特色、演变规律等,图文并茂地展示了主要农作物种质资源,并详细描述了它们的采集地、主要特征特性、优异性状及利用价值,是一套综合性的种质资源图书。

在种质资源收集、鉴定、入库和丛书编撰过程中,农业农村部特别是中国农业科学院等单位领导和专家给予了大力支持和指导。丛书出版得到了"第三次全国农作物种质资源普查与收集行动"和"广西农作物种质资源收集鉴定与保存"的经费支持。中国工程院院士、著名植物种质资源学家刘旭先生还专门为丛书作序。在此,一并致以诚挚的谢意。

广西农业科学院院长

2019年9月

Thanks 致　　谢

感谢广西农业科学院园艺研究所科研科黄彦妮、房晨、韦蒴瞳在稿件整理过程中的辛勤付出。

感谢广西农业科学院园艺研究所李果果、刘福平、陈香玲、黄宏明、王茜、刘要鑫等，容县农业科学研究所张尧良、董伯年、何东模等提供了柑橘资源的一些资料和照片。

感谢广西农业科学院园艺研究所朱建华、秦献泉、侯延杰、邱宏业、朱松生、彭浩绵等提供了荔枝、龙眼资源的一些资料和照片。

感谢广西农业科学院生物技术研究所牟海飞、黄素梅，永福县农业农村局蒋桂荣等提供了香蕉相关的一些资料及照片。

感谢广西农业科学院南亚热带农业研究所王文林提供了油梨资源的一些资料及照片。

Contents 目 录

第一章 广西常绿果树 1

第一节 柑橘 2
第二节 荔枝 35
第三节 龙眼 49
第四节 香蕉 60
第五节 杧果 81
第六节 菠萝 88
第七节 番木瓜 99
第八节 火龙果 103
第九节 黄皮 106
第十节 杨桃 114
第十一节 番荔枝 122
第十二节 莲雾 124
第十三节 油梨 127

第二章 广西落叶果树 133

第一节 葡萄 134
第二节 柿 153
第三节 李 159
第四节 猕猴桃 162
第五节 樱桃 165
第六节 无花果 168

参考文献 174

索引 175

第一章 广西常绿果树

第一节 柑　　橘

柑橘属于芸香科植物，种类繁多，目前生产上应用的主要涉及3个属，即柑橘属（Citrus）、金橘属（Fortunella）和枳属（Poncirus）。广西大部分柑橘栽培品种或资源都属于柑橘属（邓秀新和彭抒昂，2013）。柑橘在广西14个地级市均有分布，2018年广西柑橘栽培面积50.14万 hm^2，产量836.5万t，产值超过300亿元，柑橘在全区果农增收中发挥了重要作用。目前，广西的柑橘面积和产量双双跃居全国首位。

广西是中国柑橘主要的发源地之一，现在主要栽培的柑橘种类有柑、橘、橙、柚、柠檬、金柑等。广西柑橘栽培历史悠久，经过长期的自然和人工选择，形成了丰富的柑橘资源宝库，是全国柑橘资源最丰富的省（区、市）之一。广西不少柑橘品种在全国名列前茅，如沙糖橘、沃柑、茂谷柑等柑橘品种在全国的面积、产量都排在第一位，这些品种占据了1~4月的主要柑橘供应市场。荔浦沙糖橘、西林沙糖橘、武鸣沃柑、鹿寨蜜橙、柳城蜜橘、富川脐橙、容县沙田柚等国家地理标志产品远销北京、上海、广州等国内大城市及海外市场。另外，广西特有的野生山金柑等野生资源，靖西香柑等地方品种都是宝贵的种质资源。上述这些主栽品种及资源含有的优异基因有待挖掘，可为今后的种质创新利用提供亲本。

一、柑类

1. 靖西香柑

【采集地】广西百色市靖西市。

【主要特征特性】该品种是靖西市的地方特色品种。果实成熟期在翌年1~3月，主要供应春节前市场。果实扁圆形，平均单果重110.5g，横径约为6.56cm，纵径约为4.90cm；果皮橙黄色，厚约2.62mm，有蜡质；果肉橙色，细嫩化渣，多汁味甜，有香味，可溶性固形物含量约为11.9%，平均单果种子数为30.6粒，可食率约为69.6%。

【优异性状及利用】树势强健，具浓烈的芳香味，可用作栽培品种或砧木。

第一章　广西常绿果树

2. 三德柑

【采集地】广西玉林市容县。

【主要特征特性】据容县县志记载，该品种因容县杨梅镇三德村而得名。果实成熟期在12月下旬至翌年1月上旬。树冠圆头形，树姿开张，枝条横生偏垂；叶长椭圆形，先端比较尖，翼叶不明显，叶柄稍长。果实扁圆形，单果重120.0～150.0g，横径约为6.48cm，纵径约为4.42cm；果皮深橙黄色，较厚，易剥离；果顶有凹陷，常有圆脐；囊瓣10～12瓣，不化渣，汁多味甜，酸度低。

【优异性状及利用】对土壤适应性较广，肉质脆甜，耐储运。除可鲜食外，当地人还用其果皮制作陈皮。

3. 扁柑

【采集地】 广西钦州市浦北县。

【主要特征特性】 该品种是浦北县地方品种。果实成熟期在11月。树冠圆头形，叶卵状披针形。果实扁圆形，单果重约110.0g，横径约为6.60cm，纵径约为4.10cm；果皮橙红色，光滑，厚约2.30mm；果顶微凹，常有小脐；囊瓣11～14瓣，果肉深橙黄色至橙红色，汁略少，渣稍多，可溶性固形物含量为11.0%～14.0%，单果种子数为0～15粒，可食率约为70.0%，多胚。

【优异性状及利用】 皮薄果大，容易剥皮，酸甜可口，耐储存，主要用于鲜食。可作为栽培品种在生产上应用，亦可作为亲本用于育种。

4. 沙柑

【采集地】广西玉林市容县。

【主要特征特性】果实成熟期在12月底至翌年1月初。树冠圆头形，枝条细密。果实扁圆形，单果重68.0～95.0g，横径约为5.80cm，纵径约为4.51cm；果皮橙黄色，厚3.50～3.90mm，较光滑；果顶微凹；囊瓣10～13瓣，果肉橙黄色，汁多，不化渣，味清甜，种子较多。

【优异性状及利用】果皮油胞明显、饱满，具有浓烈的芳香味，中秋期间开始采摘，用于制作陈皮。

5. 贡柑

【采集地】广西南宁市武鸣区。

【主要特征特性】该品种在古代是进献皇帝的贡品，故得名"贡柑"。果实成熟期在11月至翌年1月。果实卵圆形，单果重120.0～150.0g，横径为6.00～6.50cm，纵径为5.60～5.90cm；果皮橙色，厚约2.0mm，皮薄，较光滑；果肉橙色，脆嫩化渣，清甜爽口，可溶性固形物含量为10.0%～13.0%，种子较少，平均单果种子数为6.8粒，可食率为79.0%～83.0%，总酸含量为0.2%～0.4%。

【优异性状及利用】果形端正，皮薄核少，肉脆化渣，清甜香蜜，高糖低酸，风味浓郁，集中了橙类外形美和柑类肉质细嫩、易剥皮的双重优点。可作为栽培品种在生产上应用，亦可作为亲本用于育种。

6. 温州蜜柑

【采集地】广西崇左市龙州县。

【主要特征特性】多为早熟品种，特早熟品种最早可于7月底上市，中迟熟品种于11月上中旬成熟，是鲜食良种。叶片长椭圆形，叶基狭楔形。果实扁圆形，单果重约117.8g，横径约为6.70cm，纵径约为5.71cm；果皮青色至橙黄色，厚约2.49mm；果肉橙黄色至橙红色，细嫩化渣，多汁味甜，可溶性固形物含量约为11.03%，平均单果种子数为0.3粒，可食率约为78.5%。

【优异性状及利用】皮薄无核，抗逆性强，适应性广，能早产、高产、稳产，品质好，易栽培；芽变类型较多，选育有宫本、日南1号、宫川、兴津、大分1号、尾张等一系列品种。可作为栽培品种在生产上应用，亦可作为亲本用于育种。

7. 沃柑

【采集地】广西南宁市武鸣区。

【主要特征特性】果实成熟期在翌年1~3月。果实扁圆形,平均单果重182.3g,横径约为7.61cm,纵径约为5.93cm;果皮橙红色,厚约3.60mm;果肉橙红色,细嫩化渣,多汁味甜,有香味,可溶性固形物含量约为13.6%,单果种子数为9~20粒,可食率约为77.2%,固酸比约为27。

【优异性状及利用】树势强健,易成花,适应性广,早结丰产;果实大,色泽鲜艳,品质优良,晚熟高产,果实较硬,耐储运。可直接栽培利用,但应注意防控溃疡病、黄龙病、碎叶病;是单胚材料,亦可作为优良亲本用于育种。

8. 无核沃柑

【采集地】广西南宁市江南区。

【主要特征特性】该品种成熟期与沃柑相当。果实扁圆形，平均单果重164.6g，横径约为7.22cm，纵径约为5.82cm；果皮橙红色，厚约3.70mm；果肉橙红色，细嫩化渣，多汁味甜，有香味，平均可溶性固形物含量为13.4%，平均单果种子数为0.8粒，平均可食率为77.2%。

【优异性状及利用】树势强健，易成花；果实大，色泽鲜艳，品质优良，果实较硬，耐储运。可直接栽培利用，但应注意保花保果。

9. 茂谷柑

【采集地】广西南宁市武鸣区。

【主要特征特性】果实成熟期在翌年2～4月。果实扁圆形，平均单果重170.5g，

横径约为7.29cm，纵径约为5.46cm；果皮橙黄色，厚约2.27mm，光滑；果肉橙红色，细嫩化渣，多汁味甜，有香味，平均可溶性固形物含量为13.6%，平均单果种子数为24.4粒，单果种子重约7.7g，平均可食率为81.9%，总酸含量约为0.8%。

【优异性状及利用】树势强健，易成花，耐寒性较强；果实大，色泽漂亮，品质优良，晚熟高产，果实较硬，耐储运。可直接用于栽培利用。

10．W.默科特

【采集地】广西南宁市上林县。

【主要特征特性】该品种属于晚熟品种，果实成熟期在翌年1～3月。树冠圆头形，叶色浓绿。单果重150.0～160.0g，横径约为69.56mm，纵径约为53.51mm；可溶性固形物含量约为12.0%，无籽或少籽，总酸含量约为0.8%。

【优异性状及利用】生长旺盛，管理简单，溃疡病发生轻，高产，大小年不明显；果皮薄而光滑，红色，鲜艳，吸引人，易剥皮，肉质细嫩化渣，风味浓甜。可作为栽培品种在生产上应用，亦可作为亲本用于育种。

11．玫瑰香柑

【采集地】广西南宁市武鸣区。

【主要特征特性】该品种晚熟，果实成熟期在12月至翌年1月。树势中庸，叶片阔披针形。果实大，高扁圆形，单果重约199.8g，横径约为7.85cm，纵径约为6.12cm；可溶性固形物含量约为12.3%，平均单果种子数为5.3粒，平均可食率达80.8%，低酸。

【优异性状及利用】果形端正，果色金黄，皮薄核少，肉脆，清甜化渣。可作为栽培品种在生产上应用，亦可作为亲本用于育种。

12. 爱媛38

【采集地】广西南宁市武鸣区。

【主要特征特性】果实成熟期在10~11月。生长势较强，树姿开张。果实卵圆形，单果重约215.2g，横径约为7.59cm，纵径约为7.41cm；果皮橙红色，厚约3.54mm，油胞稀，光滑，外形美观；平均可溶性固形物含量为10.1%，无籽，可食率约为73.5%。

【优异性状及利用】果形端正，无核，果肉细嫩化渣，入口类似果冻一般，早熟。可作为栽培品种在生产上应用，亦可作为亲本用于育种。

二、橘类

1. 沙糖橘

【采集地】广西桂林市荔浦市。

【主要特征特性】果实成熟期在11月至翌年1月,盖膜防寒后可留树至春节前后采收。树势中等,树冠圆头形;叶片椭圆形,叶缘锯齿状。果实扁圆形,单果重约66.8g,横径约为5.12cm,纵径约为4.31cm;果皮橙黄色至橙红色,厚约2.29mm,略粗糙;果肉橙黄色至橙红色,细嫩化渣,多汁味甜,可溶性固形物含量约为13.8%,平均单果种子数为1.2粒,平均可食率为71.3%。

【优异性状及利用】果皮易剥离,果肉爽脆、汁多、化渣、味清甜,是柑橘杂交育种的良好材料,亦可作为栽培品种在生产上应用。

2. 无籽沙糖橘

【采集地】广西百色市西林县。

【主要特征特性】果实成熟期在11月至翌年1月,盖膜防寒后可留树至春节前后采收。树冠圆头形;叶片卵圆形,叶缘浅波状。果实扁圆形,单果重约43.4g,横径约为4.54cm,纵径约为3.83cm;果皮橙黄色至橙红色,厚约2.00mm,薄而脆;果肉橙黄色至橙红色,细嫩化渣,多汁味甜,可溶性固形物含量约为13.3%,无籽,平均可食率为75.9%。

【优异性状及利用】无籽,品质好,口感佳,受到消费者喜爱。可作为栽培品种在生产上应用,亦可作为亲本用于育种。

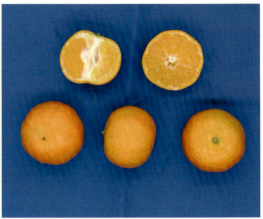

3. 大果沙糖橘

【采集地】广西崇左市扶绥县。

【主要特征特性】果实成熟期在11月至翌年1月，与沙糖橘相同，盖膜防寒后可留树至春节前后采收。果实扁圆形，平均果形指数为0.76，单果重53.0～90.0g，平均单果重69.0g，较普通沙糖橘平均单果重（38.5g）重约79.2%；果皮橙黄色至橙红色，厚约2.50mm；平均可溶性固形物含量为13.0%，平均可食率为74.4%，总酸含量约为0.3%，维生素C含量约为33.2mg/100g。

【优异性状及利用】果皮橙黄色至橙红色，油胞明显，果皮较沙糖橘粗糙，肉质爽脆，汁多化渣，高糖低酸，风味优。可作为栽培品种在生产上应用，亦可作为亲本用于育种。

4. 南丰蜜橘

【采集地】广西桂林市灵川县。

【主要特征特性】果实成熟期在10月中旬。树姿开张，树冠圆头形。果实扁圆形，单果重约44.3g，横径约为4.86m，纵径约为3.53cm；果皮橙黄色，厚约1.62mm，油胞小而密，平生或微凸；果顶凹陷；果肉橙黄色，细嫩化渣，多汁味甜，略带酸味，平均可溶性固形物含量为13.3%，平均单果种子数为0.7粒，平均可食率为78.2%，总酸含量约为 1.0%。

【优异性状及利用】丰产，易栽培，果皮薄，色泽橙黄鲜艳，油胞小而密，香味浓郁独特，品质佳，种子少，胞软多汁，化渣性好，入口即化；具药用价值，橘皮有理气健脾、祛湿化痰的作用，橘络有通络舒筋、顺气活血的功效。可作为栽培品种在生产上应用，亦可作为亲本用于育种。

5. 马水橘

【采集地】 广西南宁市武鸣区。

【主要特征特性】 因原产于阳春市马水镇而得名。果实成熟期在翌年1月中旬至2月下旬。树势较强,树冠圆头形,枝细密。果实扁圆形,单果重约43.2g,横径约为4.67m,纵径约为3.51cm;果皮橙黄色,厚约1.52mm;果肉橙黄色,细嫩化渣,多汁味甜,平均可溶性固形物含量为11.9%,平均单果种子数为0.6粒,平均可食率为79.1%,总酸含量约为0.6%。

【优异性状及利用】 果皮光滑较薄,橙黄色,无青果;果肉细嫩,汁多化渣,口感清甜,带橘香味;粗生易管,早结丰产。可作为栽培品种在生产上应用,亦可作为亲本用于育种。

6. 东方红橘

【采集地】 广西南宁市武鸣区。

【主要特征特性】 该品种又名世纪红、美国糖橘。果实成熟期在10月至11月上旬,可留树到12月上旬采收。树势中等,叶片较小,幼树直立,极丰产。果实高扁圆形，平均单果重72.5g，横径约为5.40m，纵径约为4.36cm；果皮红色，厚约1.82mm，果皮紧实但易剥皮；果肉橙黄色，细嫩化渣，多汁味甜，平均可溶性固形物含量为14.2%，平均单果种子数为9.3粒，平均可食率为79.2%，总酸含量约为0.3%。

【优异性状及利用】果皮光滑较薄，红色，外观鲜艳；果肉细嫩，汁多化渣，口感甜，带橘香味；粗生易管，早结丰产，果实耐储运。可作为栽培品种在生产上应用，亦可作为亲本用于育种。

三、橙类

1. 纽荷尔脐橙

【采集地】广西百色市德保县。

【主要特征特性】该品种是华盛顿脐橙的早熟芽变种。果实成熟期在11月中下旬。树势中庸，树梢短密，叶色深。果实长椭圆形或短椭圆形，单果重约249.0g，横径约为7.50cm，纵径约为8.49cm；果皮橙红色，厚约4.20mm，光滑，美观，难剥离；囊瓣约9.7瓣，果肉细嫩而脆，多汁化渣，富含香气，无核，汁胞橙黄色，平均可溶性固形物含量为11.2%，平均可食率为75.3%。

【优异性状及利用】树姿开张，适应性强，丰产稳产；果皮橙红色，美观，香气浓，无核，质优。可作为栽培品种在生产上应用，亦可作为亲本用于育种。

2. 红江橙

【采集地】广西南宁市武鸣区。

【主要特征特性】该品种原产于广东廉江市红江农场，在广西栽培历史较为悠久，属于橘橙类嫁接嵌合体。果实成熟期在11~12月。果实圆球形，平均单果重168.4g，横径约为6.84cm，纵径约为6.36cm；果皮厚约2.60mm；平均可溶性固形物含量为11.4%，平均单果种子数为11.3粒，单果种子重约2.0g，平均可食率为83.5%。

【优异性状及利用】果大形好，皮薄光滑，果肉橙红色，肉质柔嫩，多汁化渣，甜酸适中，风味独特，曾在国内被誉为"国宴佳果"，在国外则被冠为"中国橙王"，是我国柑橙的名优品种。可作为栽培品种在生产上应用，亦可作为亲本用于育种。

3. 无核红江橙

【采集地】广西南宁市武鸣区。

【主要特征特性】该品种是红江橙变异株系。果实成熟期在11~12月，可留树至春节前采收。果实圆球形，平均单果重167.5g，横径约为6.82cm，纵径约为6.31cm；果皮厚约2.60mm；平均可溶性固形物含量为12.6%，平均单果种子数为1.2粒，可食率约为84.3%。

【优异性状及利用】外观光滑漂亮，皮薄汁多，清甜化渣，口感极受消费者喜爱。可作为栽培品种在生产上应用，亦可作为亲本用于育种。

4. 大新会橙

【采集地】广西南宁市武鸣区。

【主要特征特性】该品种原产于广东新会区，在广西栽培历史较久。果实成熟期在11月中旬至12月中旬。树冠半圆头形，树姿较开张，叶片椭圆形或长椭圆形。果实圆球形，平均单果重191.3g，横径约为7.17cm，纵径约为7.07cm；果皮厚约3.77mm；平均可溶性固形物含量为11.5%，平均单果种子数为22.0粒，单果种子重约4.0g，平均可食率为72.5%。

【优异性状及利用】果皮橙黄色，果肉汁胞脆嫩，少汁，味极甜，清香，耐储运，受到较多消费者喜爱。可作为栽培品种在生产上应用，亦可作为亲本用于育种。

5. 桂橙一号

【采集地】广西柳州市鹿寨县。

【主要特征特性】该品种又名鹿寨蜜橙，是国家地理标志产品。果实成熟期在11月下旬至12月下旬。树势中等，树姿开张，树冠圆头形；叶片阔披针形，叶缘有浅锯齿。果实圆球形，平均单果重130.1g，横径约为6.20cm，纵径约为6.16cm；果皮橙红色，厚约3.40mm；平均可溶性固形物含量为12.9%，平均可食率为72.5%，总酸含量约为0.5%。

【优异性状及利用】果形美观，色泽橙红，皮薄肉丰，清甜化渣，肉质脆嫩，无核或少核，风味独特，橙香浓郁，鲜果保鲜期长，综合性状优良。可作为栽培品种在生产上应用，亦可作为亲本用于育种。

四、柚类

1. 容县沙田柚

【采集地】广西玉林市容县。

【主要特征特性】因最早在广西容县沙田村种植而得名，容县沙田柚已获得原产地域保护，并且是国家地理标志产品。果实成熟期在10月下旬至11月中旬。果实梨形或葫芦形，平均单果重1358.8g，横径约为14.80cm，纵径约为15.70cm；果皮金黄色，厚约13.80mm；果肉白色，汁胞脆嫩，有特殊的蜜香味，平均可溶性固形物含量为12.7%，平均可食率为58.7%，糖酸比高。

【优异性状及利用】丰产稳产，果大形美，口感好，耐储运。可作为栽培品种在生产上应用，亦可作为亲本用于育种。

2. 砧板柚

【采集地】广西玉林市容县。

【主要特征特性】该品种是容县的地方品种,因果形扁圆似圆砧板而得名。果实成熟期在中秋节前后。与容县沙田柚相比,叶片更大、更长,叶色特别浓绿,叶缘无锯齿。总状花序,每花序的花朵比容县沙田柚多。单果重1800.0~2500.0g,横径约为20.54cm,纵径约为15.43cm;果皮橙黄色,油胞密生微凸,中果皮海绵层及囊衣粉红色;囊瓣12~15瓣,果肉粉红色,中心柱空,肉质柔软,甜酸适度,化渣,平均可溶性固形物含量为12.5%,单果种子数为70~100粒。较耐储运,可储存到翌年3月。

【优异性状及利用】适应性强,长势旺,花多而花朵壮。该品种可用作容县沙田柚的授粉树,容县沙田柚的坐果率高、品质好,且采集花粉时该品种枝条无刺或刺短,采集花朵或管理比酸柚更方便;也可以用作容县沙田柚的砧木。

3. 橘红

【**采集地**】广西玉林市陆川县。

【**主要特征特性**】该品种又名化橘红，是国家地理标志产品。一般在5月初到6月上旬幼果期采收，此时药效成分含量较高。树冠圆头形，枝梢较密；叶片宽大，长椭圆形，翼叶大，叶缘有浅锯齿。花较大，白色，完全花。果实大，近圆或卵形，采收时幼果单果重150.0～230.0g；果皮黄绿色，厚2.50～3.00cm，表面密布茸毛，皮下有小油室；果顶圆钝或稍平，顶点微凹，蒂部稍隆起；平均单果种子数为65～84粒。较丰产，成年树单株产果200～300个。

【**优异性状及利用**】主要供药用，幼果在化痰止咳方面对风寒咳嗽有着较好的治疗效果；可作为栽培品种在生产上应用，亦可作为亲本用于育种。

4. 红心蜜柚

【**采集地**】广西河池市环江毛南族自治县。

【**主要特征特性**】该品种是国家地理标志产品"环江香柚"的主栽品种。果实成熟期在9月底，中秋期间可上市。幼树较直立，成年树姿半开张，叶色浓绿。果实倒卵圆形，平均单果重1680.0g，横径约为21.20cm，纵径约为19.60cm；果实套袋后，果皮黄色，厚约11.70mm，光滑；海绵层以白色为主、略显红色或无，果肉红色，果肉厚，酸甜可口，肉质细嫩，多汁，平均可溶性固形物含量为12.6%，平均可食率为60.0%，总酸含量约为0.7%，总糖含量约为8.8%，平均维生素C含量为37.8mg/100g。

【**优异性状及利用**】树势强健，易成花，耐寒性较强；果实大小均匀，皮薄易剥；上市早，适应性强，产量高，商品性佳。可作为栽培品种在生产上应用，亦可作为亲本用于育种。

第一章　广西常绿果树

5. 三红蜜柚

【采集地】广西河池市环江毛南族自治县。

【主要特征特性】原产于福建平和县，外果皮在相应遮叶下呈现淡粉红色，果皮下的海绵层是粉红色的，果肉呈玫瑰红色，由此得名"三红蜜柚"。果实成熟期在9月底，中秋期间可上市。嫩叶通常暗紫红色。果实倒卵圆形，平均单果重1560.0g，横径约为20.90cm，纵径约为19.80cm；果皮黄色至橙红色，厚约12.10mm，海绵层红色；果肉红色，酸甜可口，平均可溶性固形物含量为11.8%，平均可食率为59.6%，总酸含量约为0.8%，总糖含量约为8.3%，平均维生素C含量为36.8mg/100g。

【优异性状及利用】上市早，果实大小均匀。可作为栽培品种在生产上应用，亦可作为亲本用于育种。

6. 桂红柚1号

【采集地】广西崇左市扶绥县。

【主要特征特性】果实成熟期在9月下旬至11月底,中秋期间可上市。果实圆形,平均单果重850.5g,横径约为13.10cm,纵径约为13.90cm;果皮黄绿色,厚约13.20mm,套袋后果皮黄色略显淡红色,海绵层淡红色;果肉红色,酸甜可口,肉质细嫩,多汁,不易干水,平均可溶性固形物含量为12.0%,平均单果种子数为51.0粒,平均可食率为58.9%。

【优异性状及利用】丰产稳产,上市早,留树保鲜期长,可留至翌年2月采摘;果实大小均匀,果汁多,不易木质化。可作为栽培品种在生产上应用,亦可作为亲本用于育种。

7. 桂葡柚1号

【采集地】广西崇左市扶绥县。

【主要特征特性】果实成熟期在9月下旬至11月底,中秋期间可上市。果实圆球形，平均单果重535.0g，横径约为9.30cm，纵径约为11.20cm；果皮绿色，厚约3.80mm；果肉淡黄色，平均可溶性固形物含量为11.0%，平均单果种子数为29.0粒，平均可食率为58.9%，总糖含量约为8.6%，总酸含量约为0.4%。

【优异性状及利用】树势强健，丰产稳产性好；上市早，果肉多汁、低糖、低酸。可作为栽培品种在生产上应用，亦可作为亲本用于育种。

8. 青皮红心柚

【采集地】广西南宁市隆安县。

【主要特征特性】从越南引进，目前在广西有少量试种、少量试果。果实成熟期在11～12月，一年多次开花、多次结果。果实倒卵圆形，平均单果重843.3g，横径约为12.60cm，纵径约为13.50cm；果皮厚约16.80mm；平均可溶性固形物含量为11.2%，无籽，平均可食率为59.7%。

【优异性状及利用】 果肉爽脆，清甜多汁，口感极好，受到较多消费者喜爱。可作为栽培品种在生产上应用，亦可作为亲本用于育种。

五、柠檬类

1．土柠檬

【采集地】 广西南宁市隆安县。

【主要特征特性】 该品种是地方特色品种。果实成熟期在11月中旬。果实圆球形，平均单果重71.0g，横径约为5.20cm，纵径约为4.99cm；果皮青色，厚约1.80mm；果肉淡黄色，汁多肉脆，平均可溶性固形物含量为8.1%。

【优异性状及利用】 柠檬酸含量高，果汁多，适应性广。可用于制作南宁特色美味佳肴——柠檬鸭。

2. 尤力克柠檬

【采集地】广西南宁市武鸣区。

【主要特征特性】一年可多次开花，春花果实成熟期在11月中下旬。果实椭圆形，平均单果重154.3g，横径约为6.25cm，纵径约为8.47cm；果皮淡黄色，厚约5.69mm；果顶有明显乳状凸起，果基部狭，具短颈；果肉淡黄色，汁多肉脆，平均可溶性固形物含量为8.9%，总酸含量为6.0%~7.5%，平均可溶性固形物含量为7.4%~8.5%，平均出汁率为38.0%。

【优异性状及利用】柠檬酸含量高，具香气，果汁多，品质上等，适应性广，较丰产，适宜发展。可作为栽培品种在生产上应用，亦可作为亲本用于育种。

3. 香水柠檬

【采集地】广西玉林市容县。

【主要特征特性】春花开花期在2~4月，春花果实成熟期在8月中旬，冬花果实成熟期在翌年4月上旬。果实长圆形或卵状椭圆形，平均单果重145.0g，横径约为

5.31cm，纵径约为8.90cm；果皮黄绿色至淡黄色；果肉汁多，香气浓郁，味酸，平均可溶性固形物含量为6.6%，无籽或少籽，总酸含量约为6.1%，平均糖酸比为1.09。

【优异性状及利用】一年四季多次开花、多次结果。具有美容护肤、调味杀菌等功效，既可以鲜食，又可以加工成香精香料，是食品工业、轻纺工业、医药业的重要原材料；可作为栽培品种在生产上应用，亦可作为亲本用于育种。

4．北京柠檬

【采集地】广西南宁市上林县。

【主要特征特性】该品种又名青柠檬。上半年产量较低，下半年为盛产期；上半年采收，果皮黄绿色或黄色；下半年采收，果皮深绿色或绿色。平均单果重125.0g，横径约为6.41cm，纵径约为7.52cm；果肉浅黄色，平均可溶性固形物含量为7.8%，平均单果种子数为6.0粒，总酸含量约为7.1%，平均糖酸比为0.91。

【优异性状及利用】一年四季都能开花结果。可制作柠檬汁、果酒等饮料，果肉可以制作柠檬酱、蜜饯等，果皮可加工成多种食品、香精等；还有一定的药用价值，具有抗菌、抗病毒、抗炎、止血、抗氧化等药理作用。

六、金柑类

1. 滑皮金橘

【采集地点】广西柳州市融安县。

【主要特征特性】该品种是金橘的一种变异类型,在融安称为滑皮金橘,在阳朔称为脆皮金橘。果实成熟期在11月中旬。果实近圆球形,平均单果重22.2g,横径约为3.32cm,纵径约为3.58cm;果皮橙黄色至橙红色,光滑,韧而硬;平均可溶性固形物含量为14.9%,平均单果种子数为3.5粒,平均可食率为90.2%,总酸含量约为0.3%。

【优异性状及利用】果皮橙黄色至橙红色，表面富有光泽，清香甜脆，油胞细密，含芳香油、维生素A、维生素C、磷、果胶及粗纤维等，风味浓郁，入口化渣，甜蜜可口，品味佳。可作为栽培品种在生产上应用，亦可作为亲本用于育种。

2. 野生山金柑

【采集地】广西防城港市东兴市。

【主要特征特性】果实成熟期在11月下旬。果实圆球形，平均单果重4.5g，横径约为2.03cm，纵径约为1.98cm；果皮金黄色，厚约1.04mm；平均可溶性固形物含量为10.6%，单果种子数为1~7粒、平均4.0粒，种子卵形，深绿色，果实越大，所含的种子数越多，平均可食率为87.1%，固酸比约为2.4。

【优异性状及利用】单胚，可作为育种的亲本材料。

第一章 广西常绿果树

七、砧木

1. 酸柚

【采集地】广西玉林市容县。

【主要特征特性】该品种属于容县地方优良品种。花期与容县沙田柚相当，果实

成熟期在10月下旬至11月中旬。枝条有刺，叶片椭圆形，翼叶较大。果实梨形或葫芦形，似容县沙田柚或琯溪蜜柚，平均单果重1145.0g，横径约为13.37cm，纵径约为15.87cm；果肉红色和白色；单果种子数为80~130粒。

【优异性状及利用】当地种植户主要用作砧木或容县沙田柚的授粉树。一般采收完容县沙田柚后再采摘酸柚，从酸柚中取出种子晒干或直接播种用于砧木苗的繁殖。

2．枳壳

【采集地】广西南宁市武鸣区。

【主要特征特性】该品种又名枳，是柑橘种植中应用最广的优良砧木，在广西广泛应用于沃柑、茂谷柑、沙糖橘、脐橙等品种的嫁接。在南宁种植，果实成熟期在10月上中旬。落叶灌木或小乔木，叶片为三出复叶，枝条具刺。果实圆球形或短椭圆形，平均单果重46.6g，横径约为3.96cm，纵径约为3.95cm；果皮黄色，有短茸毛；果胶多，味酸苦，平均单果种子数为26.0粒。

【优异性状及利用】用作砧木有利于柑橘接穗品种的早结丰产、树冠矮化，易于成花、保花、保果，接穗品种相对早熟、品质优良。

3. 酸橘

【采集地】广西南宁市武鸣区。

【主要特征特性】该品种是广西柑橘的优良砧木之一。叶片与红橘相似，但一般比红橘略小，香气较浓。果实成熟期在 12 月上旬。果实扁椭圆形，横径约为 4.03cm，纵径约为 4.95cm；果皮橙黄色，较光滑，油胞细而密，易剥皮；味酸，平均可溶性固形物含量为 10.2%，平均单果种子数为 16.0 粒，总酸含量约为 2.1%。

【优异性状及利用】可作为沃柑、茂谷柑、贡柑、沙糖橘的优良砧木之一，以酸橘作砧木的柑橘品种果实漂亮、品质好，但是在栽培管理上要注意促花、保花、保果。

4. 红橘

【采集地】广西南宁市武鸣区。

【主要特征特性】该品种是广西柑橘的优良砧木之一。叶片与酸橘相似，但一般比酸橘略大，香气较淡。果实成熟期在 11 月下旬至 12 月上旬。果实扁圆形，横径约为

5.72cm，纵径约为4.73cm；果皮朱红色，较光滑，油胞细而密，易剥皮；平均可溶性固形物含量为11.2%，平均单果种子数为9.0粒，总酸含量约为0.8%。

【优异性状及利用】可作为沃柑、茂谷柑、贡柑、沙糖橘的优良砧木之一，将该品种用作砧木的柑橘品种果实漂亮、品质好。

5. 资阳香橙

【采集地】广西南宁市武鸣区。

【主要特征特性】该品种是柑橘的优良砧木。在南宁种植，果实成熟期在11月上中旬。果实圆球形或高扁圆形，平均单果重82.7g，横径约为5.06cm，纵径约为4.95cm；果皮金黄色，较光滑，油胞下凹而密，香气浓郁，皮脆，较易剥皮；囊瓣9～10瓣，味酸，平均可溶性固形物含量为6.5%，平均单果种子数为27.0粒，种子千粒重约为303.7g，多胚。

【优异性状及利用】可作为沃柑、茂谷柑、贡柑、大雅柑、大新会橙、红江橙、尤力克柠檬的优良砧木，上述品种在利用其作为砧木后表现出长势强健、早结丰产、耐碱性缺铁黄化、适应性广、品质优，是目前杂交柑综合表现最优的砧木之一。

6. 枳橙

【采集地】广西南宁市武鸣区。

【主要特征特性】该品种是枳与橙的杂交种,也是柑橘的优良砧木。叶片与枳壳相似,一般以三小叶为主,也常见单叶或一小叶和一大叶组成的复叶。成熟期在10~11月。果实圆球形,横径约为4.81cm,纵径约为4.70cm;果皮金黄色,较光滑,油胞细而密,难剥皮;略带苦味,平均单果种子数为25.3粒。

【优异性状及利用】以枳橙作砧木的品种根系较发达,抗寒力强,早结丰产,品质优。

第二节 荔 枝

荔枝(*Litchi chinensis*)又称离支,在植物分类学上属于无患子科(Sapindaceae)荔枝属(*Litchi*),荔枝果实外观鲜艳,肉质细嫩多汁,甜香可口,营养丰富,素有"岭南果王"之美誉,是南亚热带地区重要的水果。广西是我国荔枝主产区,栽培面积21.33万 hm^2,2018年产量达94.12万t,居全国第二位(陈厚彬,2018)。广西荔枝分布范围广,除桂北及高寒山区外均有分布,其北限在灵川、融安、环江、乐业、隆林等北纬24°~25°地区,主要为耐寒性强的实生荔枝和龙荔;北纬24°以南为广西荔枝主要分布区,其中钦州、玉林、北流、博白、桂平、苍梧、灵山、浦北等地是广西荔枝主产区(吴仁山,1986)。

广西是荔枝原产地之一,栽培历史悠久,加之传统上广泛采用实生繁殖的方法,本地区荔枝产生了丰富的变异，为荔枝品种选育提供了宝贵的种质资源。广西从1958年开始先后多次开展荔枝资源调查，1959年果树种质资源普查登记荔枝品种44个；1975年调查玉林地区荔枝品种有59个；20世纪80年代初《广西荔枝志》编著者吴仁山收集荔枝品种并编号134个，最后鉴定为64个品种；1986年全区果树资源普查记录荔枝名称90个（朱建华等，2005）。近年来，广西农业科学院园艺研究所大力开展荔枝种质资源调查和优良单株筛选工作，重点对广西六万大山的野生荔枝、桂西南早熟荔枝实生资源和广西钦北地区荔枝实生资源进行了系统的调查，并利用分子标记对荔枝种质资源进行了遗传多样性评价，建立了广西荔枝种质资源圃，为其进一步开发利用打下坚实基础。2015~2018年，在实施农业部项目"第三次全国农作物种质资源普查与收集行动"和广西创新驱动发展专项"广西农作物种质资源收集鉴定与保存"期间，在原有的基础上完成了广西荔枝资源的系统调查收集与资源征集工作，共收集荔枝资源60多份，按照《荔枝种质资源描述规范和数据标准》（欧良喜等，2006）进行了评价。广西荔枝种质资源主要包括以下几个部分。

（1）野生荔枝资源

广西野生荔枝主要分布在广西博白和浦北交界的六万大山，据《广西荔枝志》记载，沿六万大山山脉的水鸣、那林、江宁、松山、那卜、新塘等地都有野生荔枝分布。近年对其调查发现，广西野生荔枝果实质量性状多样性丰富，具有某些优良的鲜食性状。由于当地农民的乱砍滥伐，大面积野生荔枝林已遭破坏，该种群生存现状严峻，亟待加强保护。

（2）桂西南早熟荔枝种质资源

桂西南地区的龙州、大新、天等、靖西、德保、田东、田阳、大化、都安等地有早熟荔枝实生资源分布。该区域荔枝果肉不流汁、脆，但是风味大多偏酸，成熟期多在5月上中旬，遗传多样性丰富，可作为早熟荔枝资源应用于育种。

（3）实生优良品种（单株）

广西是荔枝原产地之一，拥有许多原产于本地的优良品种，如灵山香荔、鸡嘴荔，为我国著名荔枝品种。近年来通过资源调查筛选出的广西荔枝优质新品种有草莓荔、贵妃红、紫荔、桂荔1号等，同时获得了一大批优良单株，取得了丰硕的成果。

此外，在长期的栽培过程中，还从区外引入了大量的优良荔枝品种，这些品种和广西本地资源共同构成了广西荔枝种质资源的遗传多样性。本节共介绍了22份有代表性的荔枝种质资源，包括1份野生荔枝资源、19份广西本地优良品种（单株）、2份引进优异荔枝资源。

1. 野生荔枝1号

【采集地】广西玉林市博白县。

【主要特征特性】果实成熟期在6月下旬。果实扁圆球形，纵径约为2.97cm，横径约为3.11cm，平均单果重14.1g；果皮紫红色，较厚；果肉蜡白色，较薄，味清甜微香，质地软滑，果汁中等；平均可溶性固形物含量为19.0%，平均可食率为55.5%，种子偶有焦核。

【优异性状及利用】植株高大，生长旺盛，适应性强；果实大小均匀，果皮较厚，品质中上。可作为荔枝特殊种质资源用于研究及育种。

2. 早熟荔枝3号

【采集地】广西崇左市龙州县。

【主要特征特性】果实成熟期在5月上旬。果实歪心形，纵径约为4.17cm，横径约为3.89cm，平均单果重24.3g；果皮红色，较厚；果肉蜡黄色，较厚，味清甜微酸，质地细软，果汁少；平均可溶性固形物含量为19.7%，平均可食率为51.8%。

【优异性状及利用】植株高大，生长旺盛，适应性强；果实品质一般，成熟期早为其主要特点。可作为早熟种质资源用于研究及育种。

3. 鸡嘴荔

【采集地】广西北海市合浦县。

【主要特征特性】原产于广西合浦县公馆镇，因果实核小如鸡嘴而得名，在广西各荔枝产区均有栽培。果实成熟期在6月下旬。果实歪心形，纵径约为3.20cm，横径约为3.84cm，平均单果重29.5g；果皮暗红色，薄而韧；果肉蜡白色、半透明，厚，味清甜微香，质地爽脆，果汁中等；平均可溶性固形物含量为18.0%，平均可食率为79.3%，平均焦核率为80.0%。

【优异性状及利用】生长旺盛，适应性强，较丰产；果实较大，大小均匀，核小肉厚，品质优良，为鲜食、制干、制罐良种。可直接栽培利用，亦可作为亲本用于品种选育。

4. 灵山香荔

【采集地】广西钦州市灵山县。

【主要特征特性】原产于广西灵山县，因果实有香味而得名，在广西各荔枝产区均有栽培。果实成熟期在7月上旬。果实卵圆形，纵径约为3.43cm，横径约为3.35cm，

平均单果重19.2g；果皮紫红色，厚而韧；果肉蜡白色、半透明、较厚，味清甜微香，质地爽脆，果汁中等；平均可溶性固形物含量为20.5%，平均可食率为76.5%，平均焦核率为50.8%。

【**优异性状及利用**】生长旺盛，植株高大，丰产，耐寒性较强；品质优良，鲜食、制干、制罐头均适宜。可直接栽培利用，亦可用作品种选育亲本或砧木。

5. 江口荔

【**采集地**】广西梧州市藤县。

【**主要特征特性**】原产于广西藤县太平镇江口村，因产地而得名，在广西藤县有少量栽培。果实成熟期在7月下旬。果实尖圆形，纵径约为3.86cm，横径约为3.10cm，平均单果重18.5g；果皮红色，厚而韧；果肉蜡白色、半透明、较厚，味清甜蜜香，质地爽脆，果汁中等；平均可溶性固形物含量为20.5%，平均可食率为71.0%，种子多退化为焦核。

【**优异性状及利用**】植株高大，生长旺盛，适应性强，较丰产稳产；果实大小较均匀。可作为亲本用于晚熟品种选育，亦可作为晚熟品种应用于生产。

6. 葡萄荔

【**采集地**】广西钦州市钦北区。

【**主要特征特性**】该品种因果实成串像葡萄而得名。果实成熟期在6月中下旬。果实心形，纵径约为3.51cm，横径约为3.46cm，平均单果重21.4g；果皮鲜红色，较厚；果肉乳白色，较厚，味清甜微香，质地爽脆，果汁中等；平均可溶性固形物含量为18.6%，平均可食率为64.8%，偶有焦核。

【**优异性状及利用**】树势强健，果穗像葡萄成串，果实大小中等，风味酸甜适中，品质中上。可作为荔枝特殊种质资源用于研究、育种，亦可直接栽培利用。

7. 四两果

【采集地】广西北海市合浦县。

【主要特征特性】该品种因果实可达十六两秤的四两而得名，在合浦县有少量栽培。果实成熟期在6月下旬。果实歪心形，纵径约为3.71cm，横径约为4.15cm，平均单果重34.6g；果皮深红色，较厚；果肉蜡白色，较厚，味清甜微香，质地软滑，果汁中等；平均可溶性固形物含量为16.8%，平均可食率为71.5%，种子有大有小，多小核。

【优异性状及利用】植株高大，树势强健，适应性强；果实大，品质中上。可作为亲本用于大果型品种选育，亦可直接栽培利用。

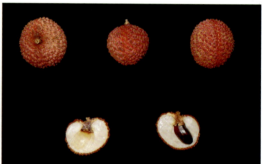

8. 大果

【采集地】广西北海市合浦县。

【主要特征特性】该品种因果实较大而得名。果实成熟期在6月下旬。果实心形，纵径约为3.54cm，横径约为3.81cm，平均单果重29.4g；果皮鲜红色，较厚；果肉蜡白色、半透明，厚，味酸甜有异香，质地软滑，果汁中等；平均可溶性固形物含量为19.2%，平均可食率为70.0%，平均焦核率为80.0%。

【优异性状及利用】植株高大，生长旺盛，适应性较强，较丰产稳产；果实较大，大小较均匀，品质中上。可直接栽培利用，亦可作为亲本用于大果型品种选育。

第一章　广西常绿果树 41

9. 勾背

【采集地】广西北海市合浦县。

【主要特征特性】该品种因果实两肩耸起似勾背而得名，在合浦县有少量栽培。果实成熟期在6月下旬。果实心形，纵径约为3.65cm，横径约为4.11cm，平均单果重28.5g；果皮暗红色，韧而薄；果肉蜡白色、半透明，厚，味清甜，质地软滑，果汁多；平均可溶性固形物含量为18.5%，平均可食率为69.0%，平均焦核率为40.0%。

【优异性状及利用】树势强健，适应性强，较丰产稳产；果实大，肉厚味甜，品质中上。可直接栽培利用，亦可作为亲本用于大果型品种选育。

10. 塘尾

【采集地】广西北海市合浦县。

【主要特征特性】原产于合浦县公馆镇，因母株种植在水塘之尾而得名，在合浦县有少量栽培。果实成熟期在7月上旬。果实扁圆球形，纵径约为3.22cm，横径约为

3.85cm，平均单果重 24.5g；果皮紫红色，较厚；果肉雪白色，较厚，味清甜微香，质地软滑，果汁中等；平均可溶性固形物含量为 19.5%，平均可食率为 75.4%，种子有大有小，平均焦核率为 40.0%。

【优异性状及利用】 植株高大，生长旺盛，适应性强；果实大小中等，大小均匀，品质中等。可作为亲本用于品种选育，亦可直接栽培利用。

11. 玉麒麟

【采集地】 广西玉林市北流市。

【主要特征特性】 原产于广西北流市塘岸镇，因果皮红紫相间似麒麟而得名，在北流市有少量栽培。果实成熟期在 6 月下旬。果实扁卵形，纵径约为 3.14cm，横径约为 3.20cm，平均单果重 16.8g；果皮暗红色有紫色斑，中等厚，较脆；果肉蜡白色，较厚，味清甜微香，质地爽脆，果汁中等；平均可溶性固形物含量为 20.0%，平均可食率为 73.6%，平均焦核率为 80.0%。

【优异性状及利用】 植株长势中等，果实较小，品质佳，可用于鲜食、制干和制罐。可直接栽培利用，亦可作为亲本用于品种选育。

12. 紫荔

【采集地】广西钦州市钦北区。

【主要特征特性】该品种又名黑荔，因果皮呈紫黑色而得名。果实成熟期在6月下旬。果实歪心形，纵径约为3.09cm，横径约为3.22cm，平均单果重19.9g；果皮紫黑色；果肉蜡白色、半透明，厚，风味浓甜，香气浓，质地爽脆，不流汁；平均可溶性固形物含量为19.4%，平均可食率为67.1%，种子以大核为主，偶有焦核。

【优异性状及利用】树势强健，果皮紫黑色，风味浓甜，香气浓，品质中上。可作为荔枝特殊种质资源用于研究、育种，亦可直接栽培利用作为观赏果品生产。

13. 紫荔3号

【采集地】广西钦州市钦北区。

【主要特征特性】在资源调查过程中发现的实生单株，是与紫荔来自同一母株的实生单株。果实成熟期在6月下旬。果实圆锥形，纵径约为3.08cm，横径约为3.15cm，平均单果重16.1g；果皮紫黑色；果肉蜡白色、半透明，较厚，风味浓甜，香气浓，质地爽脆，不流汁；平均可溶性固形物含量为16.1%，平均可食率为57.9%，种子以大核

为主,偶有焦核。

【优异性状及利用】树势强健,果皮紫黑色,风味浓甜,香气浓,品质中上,因果皮颜色特异而具有一定的观赏性。可作为荔枝特殊种质资源用于研究、育种,亦可直接栽培利用。

14. 草莓荔

【采集地】广西钦州市灵山县。

【主要特征特性】因果实呈长心形似草莓而得名,目前在广西各荔枝产区均有栽培。果实成熟期在7月上旬。果实长心形,纵径约为3.78cm,横径约为3.95cm,平均单果重27.5g;果皮向阳面红色,背阳面黄绿色,较厚;果肉蜡黄色、半透明,厚,味道清甜,微有香味,质地爽脆,不流汁;平均可溶性固形物含量为19.3%,平均可食率为75.2%,平均焦核率为97.0%。

【优异性状及利用】树势强健,易成花,丰产稳产,两性花比例大,坐果率高,焦核率高且稳定,品质优良。可直接栽培利用,亦可作为亲本用于育种。

15. 贵妃红

【采集地】广西钦州市钦北区。

【主要特征特性】果实成熟期在6月中下旬。果实心形,纵径约为3.59cm,横径约为4.24cm,平均单果重35.4g;果皮鲜红色,较厚,有蜡质,不吸水,较少发生霜疫病;果肉乳白色、半透明,厚,味甜有香气,质地爽脆细嫩,不流汁;平均可溶性固形物含量为18.7%,平均可食率为73.5%,平均焦核率为46.0%。

【优异性状及利用】树势强健,易成花,果实大,色泽鲜艳,品质优良,果实较硬,耐储运。可直接栽培利用,亦可作为亲本用于育种。

16. 桂糯

【采集地】广西钦州市钦北区。

【主要特征特性】因果实形状似糯米糍而得名，目前在广西各荔枝产区均有栽培。果实成熟期在6月中下旬。果实短心形，纵径约为3.54cm，横径约为4.27cm，平均单果重37.0g；果皮暗红色，较厚；果肉蜡白色、半透明，厚，味蜜甜，质地爽脆细嫩，不流汁；平均可溶性固形物含量为18.6%，平均可食率为73.4%，种子以大核为主，偶有小核。

【优异性状及利用】树势强健，枝梢粗壮；果实大，肉质爽脆，品质优良。可直接栽培利用，亦可作为亲本用于大果型品种选育。

17. 桂簕荔1号

【采集地】广西贵港市桂平市。

【主要特征特性】在禾荔老树侧枝上发现的一个晚熟优良芽变新种质资源，因形状似桂味（当地称簕荔）而得名，在桂平市有少量栽培。果实成熟期在8月中旬。果实心形，纵径约为3.78cm，横径约为3.83cm，平均单果重24.3g；果皮鲜红色，较厚，龟裂片隆起，裂片峰锥尖状突起刺手；果肉蜡白色、半透明，厚，味清甜微香，质地爽脆，果汁多；平均可溶性固形物含量为16.7%，平均可食率为83.0%，平均焦核率为92.3%。

【优异性状及利用】生长旺盛，适应性广，抗旱性强，丰产稳产，极晚熟；果皮较厚，较耐储运，品质中上。可作为亲本用于晚熟品种选育，亦可作为晚熟品种栽培利用。

18. 桂荔1号

【采集地】广西贵港市平南县。

【主要特征特性】在广西平南县发现的实生单株，原名三桂红，在平南县有少量栽培。果实成熟期在7月上旬。果实心形，纵径约为3.52cm，横径约为3.33cm，平均单果重21.9g，果皮红色带绿色，较厚；果肉蜡白色，较厚，味浓甜微香，质地爽脆，果汁中等；平均可溶性固形物含量为21.9%，平均可食率为71.3%，平均焦核率为40.0%。

【优异性状及利用】树势强健，果实浓甜微香，品质优良。可直接栽培利用，亦可作为亲本用于品种选育。

19. 英山红

【采集地】广西钦州市钦北区。

【主要特征特性】在当地被称为英荔1号。果实扁卵形,纵径约为3.61cm,横径约为3.51cm,平均单果重22.0g;果皮鲜红色,较厚;果肉蜡白色,较厚,味浓甜微香,质地爽脆,果汁中等;平均可溶性固形物含量为19.5%,平均可食率为73.8%,平均焦核率为51.0%。

【优异性状及利用】树势强健,枝梢粗壮;果实大小中等,果肉厚,果皮鲜红色,较艳丽,品质优良。可直接栽培利用,亦可作为亲本用于品种选育。

20. 镇奉

【采集地】广西玉林市北流市。

【主要特征特性】原产于广西北流市民安镇,已有200多年历史,在北流市有少量栽培。果实成熟期在7月上旬。果实圆锥形,纵径约为3.37cm,横径约为3.30cm,平均单果重17.6g;果皮暗红色,中等厚;果肉蜡白色,较厚,味清甜、微酸,质地爽脆,果汁

少；平均可溶性固形物含量为21.3%，平均可食率为71.0%，平均焦核率为60.0%。

【优异性状及利用】植株长势中等，粗生，果实大小中等，果肉清甜微酸，品质中等，较迟熟。可作为迟熟品种直接栽培利用，亦可作为亲本用于迟熟品种选育。

21．桂味

【采集地】广西钦州市灵山县。

【主要特征特性】从广东引进，已有200多年历史，因果肉有桂花香味而得名，目前在广西各荔枝产区均有栽培。果实成熟期在6月中下旬。果实圆球形，纵径约为3.30cm，横径约为3.32cm，平均单果重18.2g；果皮淡红色，脆而薄；果肉蜡白色、半透明，厚，味清甜，有桂花香气，质地爽脆细嫩，不流汁；平均可溶性固形物含量为21.5%，平均可食率为72.8%，平均焦核率为80.0%。

【优异性状及利用】树势中等，适应性强，适于山地栽培；品质、风味极佳，果实较耐储运，加工性能良好，是鲜食和制罐的优良品种。可直接栽培利用，亦可作为亲本用于品种选育。

22．糯米糍

【采集地】广西南宁市武鸣区。

【主要特征特性】从广东引进的优良品种，因果肉软滑似糯米糍而得名，已有200多年历史，在广西各荔枝产区均有栽培。果实成熟期在7月上旬。果实短圆球形，纵径约为3.57cm，横径约为4.00cm，平均单果重27.0g；果皮鲜红色，厚而韧；果肉蜡白色、半透明，较厚，味清甜微香，质地软滑，果汁中等；平均可溶性固形物含量为21.0%，平均可食率为68.3%，平均焦核率为90.0%。

【优异性状及利用】植株高大，生长旺盛，耐旱性强；品质优良，是鲜食、制干、制罐的优良品种。可直接栽培利用，亦可作为亲本用于品种选育。

第三节 龙　　眼

龙眼（*Dimocarpus longan*）又称桂圆，在植物分类学上是无患子科（Sapindaceae）龙眼属（*Dimocarpus*）的植物。龙眼果实浓甜爽口，营养价值高，自古被视为滋补品，加工成桂圆干、桂圆肉等食品，具有补心益脾、养血安神之功效，深受消费者喜爱，是南亚热带地区重要的果树。广西是我国龙眼主产区，2017 年龙眼栽培面积 13 万 hm^2，居全国第一位，产量 51 万 t，居全国第二位。广西龙眼分布范围广，全区除桂林地区外均有分布，北纬 24° 以北的荔浦、鹿寨、罗城、环江、南丹、天峨、乐业、田林、隆林等地为广西龙眼北缘分布区，龙眼只是零星分布，而北纬 24° 以南的玉林、贵港、钦州、南宁、崇左是广西龙眼主产区，其中，崇左市的大新县是我国龙眼传统上的六大生产基地之一（邱武陵和章恢志，1996）。

广西是龙眼原产地之一，栽培历史悠久，加之传统上广泛采用实生繁殖的方法，本地区龙眼产生了丰富多样的变异，为龙眼品种的筛选提供了宝贵的种质资源。广西从 1959 年开始先后多次开展龙眼种质资源调查，其中 1959 年广西科学技术委员会组织开展果树资源普查工作，记载的龙眼品种（株系）有 16 个；1986 年广西农业区划委员会组织进行果树自然资源调查，记录龙眼品种（株系）27 个；1996 年广西农业区划委员会组织开展农业名特优新品种资源调查工作，记载的龙眼名特优新品种有平南石硖、木格龙眼、灵龙等 9 个品种（株系）（覃榜彰等，1997；朱建华等，2002）。此外，崇左市大新县开展龙眼资源调查选出了那坎、焦核等 10 个优良单株（李山，1996）。近年来，广西农业科学院园艺研究所大力开展龙眼种质资源调查工作，基本上摸清了广西龙眼种质资源情况，并对广西龙眼种质资源的遗传多样性、加工性和耐寒性等进行了研究，筛选出一批在各方面表现优良的单株，建立了广西龙眼种质资源圃，为广西龙眼种质资源的进一步开发利用打下了坚实基础。2015～2018 年，在实施农业部项目"第三次全国农作物种质资源普查与收集行动"和广西创新驱动发展专项"广西农作物种质资源收集鉴定与保存"期间，完成了广西龙眼资源的系统调查收集与资源征集，共收集龙眼资源60多份，按照《龙眼种质资源描述规范和数据标准》（郑少泉等，2006）进行了评价。广西龙眼种质资源主要分为以下几个部分。

（1）野生龙眼资源及近缘种

近年来我们在广西龙州弄岗自然保护区发现有野生龙眼分布，该龙眼植株高大，一级分枝在3m以上，表现出野生龙眼的特性，进一步明确了广西是龙眼起源中心，具有重要价值。龙荔是龙眼的近缘种，可在龙眼育种方面加以利用。广西龙荔资源分布范围较广，北至桂林的灵川、荔浦，南至防城港和宁明那堪乡中越边境等地均有分布。

（2）实生品种（单株）

广西是龙眼原产地之一，拥有许多原产于本地的优良品种，如大乌圆，果实大，品质优良，为我国著名龙眼品种。近年来，调查筛选出的广西龙眼优质新品种（株系）有桂龙早、桂蜜、桂龙1号、桂丰早等，取得了丰硕的成果。

此外，在长期的栽培历史中，广西大力引进全国各地的优良龙眼品种，如石硖、储良等目前已成为主栽品种。而引进的热带生态型龙眼，由于具有一年四季开花的特性，应用修剪和调控措施相结合等方法，可以将果实采收期集中调节到11月上旬，具有较高的经济效益，目前已在生产上大面积推广应用。本章共介绍17份有代表性的龙眼种质资源，其中包含1份野生龙眼资源、1份龙眼野生近缘种、12份广西本地优良品种（单株）和3份引进优异龙眼资源。

1. 野生龙眼

【采集地】广西崇左市龙州县。

【主要特征特性】在广西龙州县发现的龙眼资源，主要分布在远离人类活动的石山

地区，周边为高大灌木和乔木。植株高大，一级分枝离地面较高，表现明显的野生特性。野生龙眼有小叶4~5对，新叶淡绿色，老叶浓绿色，长椭圆形，叶脉较明显。由于生长环境较为荫蔽，野生龙眼成花坐果较难。

【优异性状及利用】植株高大，生长在石山环境中，木材坚实，是优良木材，同时作为原始的野生材料，对于研究龙眼的起源进化具有重要作用。

2．龙荔1号

【采集地】广西南宁市邕宁区。

【主要特征特性】龙眼近缘种龙荔中的一个单株。果实圆球形，纵径约为2.43cm，横径约为2.40cm，侧径约为2.46cm，平均单果重8.0g；果皮较厚，黄白色；种子棕黑色，重约2.0g；果肉较薄，蜡白色、半透明，表面不流汁，质地爽脆细嫩，味清甜有香味，离核易，平均可溶性固形物含量为17.0%，平均可食率为50.0%。

【优异性状及利用】龙荔作为龙眼的近缘种，对于研究龙眼起源进化具有重要作用；同时龙荔具有特殊香味，可用作龙眼育种亲本。

3．大乌圆

【采集地】广西贵港市港南区。

【主要特征特性】原产于广西贵港市木格镇，因果大叶乌绿而得名，在各龙眼产区均有栽培，是目前广西主栽品种。果实成熟期在8月下旬。果实扁圆形，纵径约为2.74cm，横径约为2.98cm，侧径约为2.67cm，平均单果重14.0g；果皮较厚，黄褐色；种子较大，紫黑色，重约2.7g；果肉较厚，蜡白色、半透明，表面不流汁，质地爽脆，味清甜，离核易，平均可溶性固形物含量为16.4%，平均可食率为74.3%。

【优异性状及利用】生长旺盛，树干粗壮，早结丰产，果实大，品质中上，可鲜食或加工成桂圆干，亦可作为大果型龙眼育种的亲本。种子大，实生种苗生长旺盛，亲和力好，可作为龙眼育苗的砧木。

4. 软枝大乌圆

【采集地】广西南宁市西乡塘区。

【主要特征特性】因枝条较软而得名。果实成熟期在8月下旬。果实扁圆形，纵径约为2.64cm，横径约为2.66cm，侧径约为2.47cm，平均单果重10.8g；果皮较厚，黄褐色；种子大，紫黑色，重约2.8g；果肉较厚，蜡白色、半透明，表面不流汁，质地稍脆，味清甜，离核易，平均可溶性固形物含量为17.3%，平均可食率为64.9%。

【优异性状及利用】树势旺盛，树干粗壮，果实较大，果肉厚，具干胞，可鲜食或加工成桂圆干。种子大，实生种苗生长旺盛，亲和力好，可作为龙眼育苗的砧木。

5. 硬枝大乌圆

【采集地】广西南宁市西乡塘区。

【主要特征特性】因枝条较硬而得名。果实成熟期在8月下旬。果实扁圆形，纵径约为2.50cm，横径约为2.64cm，侧径约为2.58cm，平均单果重9.3g；果皮较厚，黄褐色；种子大小中等，紫黑色，重约1.5g；果肉较厚，蜡白色、半透明，表面不流汁，质地爽脆，味清甜，离核易，平均可溶性固形物含量为18.1%，平均可食率为65.3%。

【优异性状及利用】生长旺盛，树干粗壮，早结丰产，可鲜食或加工成桂圆干，亦可作为龙眼育苗的砧木。

6. 焦核2号

【采集地】广西玉林市北流市。

【主要特征特性】果实成熟期在7月下旬。果实扁圆形，纵径约为2.18cm，横径约为2.31cm，侧径约为2.17cm，平均单果重6.4g；果皮较厚，青褐色；种子部分发育不良形成焦核，漆黑色，重约0.5g；果肉较厚，蜡白色、半透明，表面不流汁，质地爽脆，味浓甜，离核较易，平均可溶性固形物含量为20.0%，平均可食率为66.3%。

【优异性状及利用】长势中等，抽梢力一般，果实较小，种子部分发育不良形成焦核，品质中上。可直接栽培利用，亦可作为焦核龙眼育种亲本。

7. 三滩冰糖果

【采集地】广西玉林市博白县。

【主要特征特性】果实成熟期在 8 月上旬。果实扁圆形，纵径约为 2.01cm，横径约为 2.18cm，侧径约为 2.07cm，平均单果重 5.4g；果皮较薄，青褐色；种子紫黑色，重约 0.9g；果肉较薄，蜡白色、半透明，表面不流汁，质地韧脆，味浓甜，离核较易，平均可溶性固形物含量为 22.4%，平均可食率为 62.0%。

【优异性状及利用】植株长势中等，抽梢力一般，果实较小，大小均匀，干胞不流汁，味浓甜，品质优良。可作为龙眼育种亲本。

8. 藤县中秋 1 号

【采集地】广西梧州市藤县。

【主要特征特性】因果实成熟期较晚，在中秋期间仍可食用而得名。果实成熟期在 8 月下旬。果实扁圆形，纵径约为 2.64cm，横径约为 2.97cm，侧径约为 2.69cm，平

均单果重13.4g；果皮较厚，黄褐色；种子较大，赤褐色，重约1.9g；果肉较厚，蜡白色、半透明，表面不流汁，质地爽脆，味清甜，离核较易，平均可溶性固形物含量为18.3%，平均可食率为68.5%。

【优异性状及利用】生长旺盛，抽梢力强，果实较大，成熟期晚，品质中上。可作为晚熟优良品种栽培，亦可作为晚熟龙眼育种亲本。

9. 桂实

【采集地】广西南宁市邕宁区。

【主要特征特性】果实成熟期在8月中旬。果实扁圆形，纵径约为2.14cm，横径约为2.17cm，侧径约为2.07cm，平均单果重6.4g；果皮较薄，黄褐色；种子大小中等，漆黑色，重约1.1g；果肉较薄，蜡白色、半透明，表面不流汁，质地稍脆，味浓甜，离核较易，平均可溶性固形物含量为22.0%，平均可食率为52.8%。

【优异性状及利用】植株长势中等，熟期较迟，果实较小，味浓甜，适合制作桂圆肉。可作为桂圆肉加工品种栽培，亦可作为龙眼育种亲本。

10. 桂龙早1号

【采集地】广西南宁市武鸣区。

【主要特征特性】因成熟期较早而得名。果实成熟期在7月下旬。果实扁圆形，纵径约为2.94cm，横径约为3.04cm，侧径约为2.64cm，平均单果重14.1g；果皮较厚，黄褐色；种子大小中等，漆黑色，重约1.5g；果肉较厚，蜡白色、半透明，表面不流汁，质地爽脆，味清甜，离核易，平均可溶性固形物含量为18.1%，平均可食率为72.6%。

【优异性状及利用】树体矮化,易成花坐果,早结丰产,成熟期早,果实大,品质较好,适合鲜食或加工成桂圆干。可作为早熟优良品种栽培,亦可作为大果型早熟龙眼育种亲本。

11. 桂明1号

【采集地】广西南宁市武鸣区。

【主要特征特性】果实成熟期在9月中旬。果实扁圆形,纵径约为2.63cm,横径约为2.83cm,侧径约为2.75cm,平均单果重11.2g;果皮较薄,黄褐色;种子大小中等,红褐色,重约1.9g;果肉较厚,乳白色、半透明,表面不流汁,质地韧脆,味甜,离核易,平均可溶性固形物含量为20.4%,平均可食率为72.6%。

【优异性状及利用】长势中等,易成花坐果,成熟期晚,不易退糖,品质较好。可作为晚熟优良品种栽培,亦可作为晚熟龙眼育种亲本。

12. 桂香

【采集地】广西崇左市大新县。

【主要特征特性】果实成熟期在 7 月下旬。果实扁圆形，纵径约为 2.67cm，横径约为 2.89cm，侧径约为 2.65cm，平均单果重 12.2g；果皮厚度中等，黄褐色；种子大小中等，紫黑色，重约 1.9g；果肉较厚，乳白色、半透明，表面不流汁，质地较脆，味清甜，离核易，平均可溶性固形物含量为 18.0%，平均可食率为 70.1%。

【优异性状及利用】生长旺盛，枝条粗壮，成熟期早，果实大小中等，品质较好。可作为早熟优良品种栽培，亦可作为早熟龙眼育种亲本。

13. 桂蜜

【采集地】广西南宁市武鸣区。

【主要特征特性】因核小肉脆并有香味又称为细核脆香，在南宁市有少量栽培。果实成熟期在 8 月上旬。果实近圆形，纵径约为 2.50cm，横径约为 2.59cm，侧径约为

2.50cm，平均单果重 9.6g；果皮较厚，浅黄色；种子较小，红褐色，重约 1.5g；果肉较厚，乳白色、半透明，表面不流汁，质地爽脆，味浓甜有香气，离核较易，平均可溶性固形物含量为 21.4%，平均可食率为 70.7%。

【优异性状及利用】树姿开张，长势中等；果实大小中等，味浓甜有香味，品质优良。可作为优良品种栽培，亦可作为龙眼育种亲本。

14．灵龙

【采集地】广西钦州市灵山县。

【主要特征特性】果实成熟期在 8 月上旬。果实扁圆形，纵径约为 2.64cm，横径约为 2.78cm，侧径约为 2.69cm，平均单果重 13.1g；果皮较厚，黄褐色；种子较大，赤褐色，重约 1.9g；果肉较厚，乳白色、半透明，表面不流汁，质地爽脆，味清甜，离核较易，平均可溶性固形物含量为 20.7%，平均可食率为 70.8%。

【优异性状及利用】生长旺盛，抽梢力强；果实较大，大小均匀，品质优良。可作为优良品种栽培，亦可作为龙眼育种亲本。

15．四季蜜

【采集地】广西贵港市平南县。

【主要特征特性】果实圆球形，纵径约为 2.27cm，横径约为 2.31cm，侧径约为 2.19cm，平均单果重 7.6g；果皮较厚，灰褐色；种子棕黑色，重约 1.0g；果肉较厚，乳白色、半透明，表面不流汁，质地爽脆，味浓甜有香味，离核易，平均可溶性固形物含量为 24.8%，平均可食率为 65.8%。

【优异性状及利用】长势中等，抽梢力强；果实质地爽脆，味浓甜有香味，品质优良。具有一年四季开花结果的特性，可以应用修剪和调控措施相结合等方法，将果实采收期集中调节到冬季。可作为龙眼育种亲本。

16. 石硖

【采集地】广西南宁市武鸣区。

【主要特征特性】原产于广东南海平洲,原名十叶,因谐音"石硖"而得名,引入广西已有上百年历史,在各龙眼产区均有栽培。果实成熟期在8月上旬。果实扁圆球形,纵径约为2.47cm,横径约为2.65cm,侧径约为2.37cm,平均单果重9.3g;果皮较薄,黄褐色;种子小,红褐色,重约1.6g;果肉较厚,乳白色,表面不流汁,质地爽脆,味浓甜如蜜,离核易,平均可溶性固形物含量为21.2%,平均可食率为64.7%。

【优异性状及利用】树形高大,树干粗壮,丰产稳产;果实大小中等,大小均匀,果肉较厚,品质优良,是鲜食和加工成桂圆干、桂圆肉的优良品种。可直接栽培利用,亦可作为龙眼育种亲本。

17. 储良

【采集地】广西南宁市武鸣区。

【主要特征特性】原产于广东省高州市储良镇，因产地而得名，在各龙眼产区均有栽培。果实成熟期在8月中旬。果实扁圆形，纵径约为2.87cm，横径约为3.05cm，侧径约为2.81cm，平均单果重13.8g；果皮较厚，黄褐色；种子大小中等，紫黑色，重约1.9g；果肉较厚，乳白色、半透明，表面不流汁，质地爽脆，味浓甜，离核易，平均可溶性固形物含量为19.1%，平均可食率为67.1%。

【优异性状及利用】树形高大，果实大，果肉厚，品质优良，是鲜食和加工成桂圆干的优良品种。可直接栽培利用，亦可作为龙眼育种亲本。

第四节 香 蕉

一、概述

广西是香蕉的起源地之一（赵腾芳，1983）。广西地处低纬度地区，南临热带海洋，热量充足，雨量充沛，优越的地理位置和充足的光、温、水等气候资源孕育了丰富的野生及地方栽培蕉类资源。香蕉是广西第二大水果，栽培历史悠久，至今仍有不少品种在乡村房前屋后保留了下来。同时，广西野生蕉资源在全区分布非常广泛，其生长环境差异较大，可能携带着不同的优异基因，为香蕉育种储备了丰富的基因来源。

二、资源调查收集与保存鉴定情况

广西农业科学院自20世纪80年代以来，多次开展广西蕉类种质资源调查行动，初步调查了广西本地栽培蕉与野生蕉分布及类型情况，并针对资源保存开展了评价鉴定与创新利用。近几年，结合第三次全国农作物种质资源普查与收集行动，进一步深入全区多地进行了资源调查与收集，建立了香蕉种质资源圃，通过室内组培、大棚盆栽、大田种植等多种方式保存香蕉野生近缘种和栽培种资源100多份。

三、类型与分布

（1）栽培蕉类资源

香蕉栽培种主要由原始野生种尖叶蕉（*Musa acuminata*）和长梗蕉（*M. balbisiana*）经突变与杂交进化而成。根据尖叶蕉和长梗蕉的性状计分，并参照染色体倍数，栽培香蕉可分为AA、AB、BB、AAA、AAB、ABB、BBB、AAAA、AAAB、AABB等基因型（组）。

20世纪80年代，广西香蕉主栽品种是本地矮蕉（AAA）类型，如南宁市的那龙矮蕉、钦州市的浦北矮蕉，主要特征是矮化抗风，果实品质优异，但是产量不高。其他蕉类如粉蕉，在南宁市、崇左市龙州县及玉林市也曾大量种植。桂中北等非适宜区则分布有各种抗寒性较强但外观特征各异的大蕉和粉蕉品种。90年代以来，随着优异高产的威廉斯等香蕉品种的引进，广西本地品种逐步退出消费市场。鸡蕉果指短小，风味独特，不感枯萎病，在南宁市和百色市少数地区仍占有一定面积。

广西目前的香蕉主产区是南宁市、崇左市、玉林市、百色市和钦州市。种植面积最大的蕉类是香牙蕉（AAA，简称香蕉），约占全区产量的80%；其次是粉蕉（ABB，又称西贡蕉）；大蕉（ABB，又称牛角蕉），鸡蕉（ABB）和贡蕉（AA，又称皇帝蕉）等也有小面积或零星种植。桂蕉1号和桂蕉6号是广西农业科学院生物技术研究所等单位经威廉斯香蕉选育出的优良新品种，已成为全国香蕉主栽品种，并应用到缅甸、老挝、柬埔寨、越南、马来西亚等国家。广西建立了高效规模化的香蕉组培苗产业化体系，新植蕉基本上使用组培苗，实现了种苗的良种化和产业化。

（2）野生蕉类资源

广西野生蕉资源丰富，分布广泛。2007年以来广西农业科学院多次调查显示，广西野生蕉分布跨越了多个纬度，从北纬20°54′至北纬26°23′均有分布，在广西的18个县（市、区）（北至资源县、全州县，南至凭祥市、防城区和东兴市，西至乐业县、天峨县，东至梧州市、博白县、北海市）都有野生蕉分布。鉴定分析结果显示，广西野生蕉多数具有地下走茎，可行有性生殖，果实具有大量种子。不同分布区域的野生蕉在假茎高度、苞片颜色、果指色泽、花粉活力等方面有明显的差别，具有丰富的遗传多样性和地域特异性，可作为香蕉育种材料加以挖掘利用（尧金燕等，2008；秦献泉，2009）。

1. 大新野蕉

【采集地】广西崇左市大新县。

【主要特征特性】采集于十万大山山脉的野生香蕉资源，采集后保存于广西南宁市。假茎高约190.0cm，基部粗度约41.0cm，深绿色，带大片锈褐色斑，无蜡粉。叶姿开张，叶片基部两边圆，不对称，长约150.0cm，宽约66.0cm，叶面深绿色，无蜡粉，叶背绿色，无蜡粉，叶柄沟槽直且边缘直立。雄蕾近椭圆形，外面紫色带褪色条纹，少量蜡粉，内面黄色，开放后外卷。果实果皮为青色，三棱状，圆柱形，微弯，内具多粒种子。

【优异性状及利用】野生资源，具有育种及遗传进化分析研究价值。

2. 龙胜野蕉

【采集地】广西桂林市龙胜各族自治县。

【主要特征特性】采集于越城岭山脉的野生香蕉资源，采集后保存于广西南宁市。假茎高约240.0cm，基部粗度约53.0cm，浅绿色，带少量褐色斑，无蜡粉。叶姿开张，叶片基部两边尖，不对称，长约160.0cm，宽约63.0cm，叶面绿色，少量蜡粉，叶背浅绿色，无蜡粉，叶柄沟槽开张且边缘外展。雄蕾近卵形，外面黄色，中等蜡粉，内面黄色，开放后外卷。果实青果皮为绿色，熟果皮为黄色，圆柱形，微弯，内具多粒种子。

【优异性状及利用】野生资源，有种子，但具有一定可食性，口感微甜。可作为育种材料。

3. 龙州野蕉

【采集地】广西崇左市龙州县。

【主要特征特性】采集于十万大山山脉的野生香蕉资源，采集后保存于广西南宁市。假茎高约210.0cm，基部粗度约53.0cm，深绿色，带大片黑褐色斑，无蜡粉。叶姿开张，叶片基部两边圆，不对称，长约210.0cm，宽约68.0cm，叶面深绿色，无蜡粉，叶背绿色，无蜡粉，叶柄沟槽直且边缘直立。雄蕾近椭圆形，外面紫色，中等蜡粉，内面黄色，开放后外卷。果实青果皮和熟果皮均为紫色，圆柱形，微弯，内具多粒种子。

【优异性状及利用】花粉比较多，可作为育种父本材料。当地将茎叶用作家畜青饲料，花苞可入菜煲汤。

4. 永福野生蕉

【采集地】广西桂林市永福县。

【主要特征特性】生长周期16～20个月。株高约500.0cm,假茎青绿色,果指绿色或间有红色斑,种子多,果肉少,不适合食用,抗寒力强。

【优异性状及利用】具有较强抗寒力,可用于有性杂交育种。

5. 龙州观赏蕉

【采集地】广西崇左市龙州县。

【主要特征特性】采集于十万大山山脉的野生香蕉资源,采集后保存于广西南宁市。假茎高约80.0cm,基部粗度约28.0cm,深绿色,无色斑,无蜡粉。叶姿下垂,叶片基部两边尖,不对称,长约73.0cm,宽约38.0cm,叶面深绿色,无蜡粉,叶背绿色,无蜡粉,叶柄沟槽直且边缘直立。雄蕾卵形,外面红色,无白粉,内面红色,开放后不外卷。果实黄色。

【优异性状及利用】野生资源，植株极矮，花期长，无病虫害，观赏性好。可用作育种亲本。

6. 扶绥野生蕉

【采集地】广西崇左市扶绥县。

【主要特征特性】生长周期14~16个月。植株细长，假茎高260.0~290.0cm，基部粗度45.0~55.0cm，中部粗度29.0~55.0cm；假茎基部外层黄绿色，内层紫红色，有紫黑色斑。叶姿开张，叶片基部两边圆且对称，中脉绿色，叶柄基部有深褐色斑块，边缘有叶翼且抱紧假茎，边线紫红色，沟槽开张且边缘外展。吸芽靠近母株垂直生长，吸芽的假茎有紫黑色斑块；吸芽的叶片正背面中脉有或无紫红色，叶片背面有或无紫红色，叶柄基部有或无紫红色。每穗果梳6~7梳，平均每梳果指11根。果实不可食用，有大量种子。

【优异性状及利用】耐寒，抗枯萎病，可作为育种材料。

7. 宁明香蕉

【采集地】广西崇左市宁明县。

【主要特征特性】生长周期约12个月。假茎高约210.0cm，黄绿色，较大，蕉蕾红色，叶片宽大且较直立。穗轴较短，每穗果梳8~12梳，每梳果指14~26根，果指稍弯，青绿色，单果重约100.0g，单株产量约为20.0kg。

【优异性状及利用】叶片宽大且较直立，植株矮壮，可直接栽培利用，亦可作为育种材料。

8. 凭祥矮蕉

【采集地】广西崇左市凭祥市。

【主要特征特性】生长周期约 11 个月。假茎高约 160.0cm，较黑，叶柄短，叶片较直立。每梳果指 14～26 根，果指稍弯，生果皮绿色，单株产量约为 15.0kg。果实横切面棱角明显，果实成熟后果皮黄色，果肉黄白色。

【优异性状及利用】矮干、防风，可直接栽培利用，亦可作为育种材料。

9. 资源大蕉

【采集地】广西桂林市资源县。

【主要特征特性】生长周期约 16 个月。假茎高约 500.0cm，黄绿色，花蕾黄绿色。每穗果梳 6～10 梳，每梳果指 10～20 根，果指直，青绿色，单果重 50.0～100.0g，单株产量约为 15.0kg。风味微酸，有种子。

【优异性状及利用】果实易获得种子，可用于有性杂交育种。

10. 阳朔大蕉

【采集地】广西桂林市阳朔县。

【主要特征特性】生长周期约16个月。假茎高500.0~600.0cm，黄绿色，蕉蕾红色。每穗果梳6~8梳，每梳果指10~20根，果指直，青绿色，单果重150.0~200.0g，单株产量约为15.0kg。果肉黄色，风味微酸，偶有种子。

【优异性状及利用】高产，耐寒，可直接栽培利用，亦可作为育种材料。

11. 隆安大蕉

【采集地】广西南宁市隆安县。

【主要特征特性】生长周期16~18个月。假茎高400.0~500.0cm，粗壮，花蕾红色。叶姿直立，叶片基部两边圆且对称，叶柄较长，基部无着色，沟槽边缘内弯，边缘无叶翼。吸芽靠近母株垂直生长。单株产量为10.0~15.0kg。果肉甘甜带酸，货架期较长。对香蕉枯萎病具强抗性。

【优异性状及利用】具有较好的抗病性和抗风性，可直接栽培利用，亦可作为育种材料。

12. 西乡塘鸡蕉

【采集地】广西南宁市西乡塘区。

【主要特征特性】芭蕉属大芭蕉的近缘变异种，植株较高大。该品种一年四季均可种植，生长周期10～11个月。假茎高460.0～510.0cm。果穗长65.0～100.0cm，每梳果指15～22根，单果重50.0～100.0g，生果皮青绿色。果实横切面棱角不明显，生果肉白色，果实成熟后果皮金黄色，果肉黄白色，口感酸甜软滑。

【优异性状及利用】抗寒，耐轻霜，对古巴专化型尖孢镰刀菌1号、4号生理小种具有较高抗性，可在香蕉枯萎病重病区种植。

13．扶绥鸡蕉

【采集地】广西崇左市扶绥县。

【主要特征特性】该品种一年四季均可种植，生长周期11～12个月，抽蕾较早。株高中等，假茎高235.0～300.0cm，基部粗度55.0～65.0cm，中部粗度37.0～46.0cm，深绿色，基部有或无斑点。叶姿开张，叶柄沟槽直且边缘直立。吸芽靠近母株垂直生长，基部有褐色斑块。果穗长50.0～80.0cm，每梳果指15～20根，平均单果重50.0～80.0g，单株产量为5.0～8.0kg。

【优异性状及利用】鸡蕉中干类型，耐寒，高抗枯萎病，可在香蕉枯萎病重病区种植。

14．红蕉

【采集地】广西南宁市西乡塘区。

【主要特征特性】生长周期11～14个月。假茎高380.0～430.0cm，基部粗度75.0～95.0cm，青绿偏红色。叶片中脉浆红色。根系较深，附着力强，抗风性较好。单果重140.0～180.0g，单株产量为10.0～20.0kg。成熟前后果皮由紫红色转为绛红色，果肉乳黄色，口感酸甜细腻，可口，风味独特，稍有香味。

【优异性状及利用】植株高大粗壮，根系较深，抗风性好，管理简单，红色的外观和香甜的口感深受客户喜爱，可直接栽培利用，亦可作为育种材料。

15. 扶绥大蕉1号

【采集地】广西崇左市扶绥县。

【主要特征特性】当地称为牛角蕉。生长周期17～18个月。植株高大，株高440.0～490.0cm，假茎粗壮，基部粗度80.0～86.0cm，中部粗度50.0～58.0cm，基部深绿色有光泽，极少有褐色斑。叶姿开张，叶片基部两边圆且对称，叶缘紫红色，上部叶叶柄基部偶有斑点，叶柄边缘有叶翼且抱紧假茎，边线黑色，沟槽边缘向内弯。吸芽靠近母株垂直生长，基部黑色。平均单株产量为22.0kg。

【优异性状及利用】高抗枯萎病，可在枯萎病疫区种植，亦可作为育种材料。

16. 扶绥大蕉2号

【采集地】广西崇左市扶绥县。

【主要特征特性】当地称为牛角蕉。生长周期17~18个月。植株高大。假茎高410.0~470.0cm，较粗，基部粗度80.0~87.0cm，中部粗度52.0~56.0cm，基部绿色有光泽，有或无褐色斑。叶片基部两边圆且对称，叶柄基部无斑点，边缘有叶翼且抱紧假茎，边线紫红色，沟槽边缘向内弯。吸芽靠近母株垂直生长，吸芽的叶片中脉紫粉色。平均单株产量为24.0kg。

【优异性状及利用】高抗枯萎病，可直接栽培利用，亦可作为育种材料。

17. 扶绥粉蕉

【采集地】广西崇左市扶绥县。

【主要特征特性】生长周期15~16个月。植株高大，假茎高340.0~390.0cm，基部粗度80.0~98.0cm，中部粗度55.0~65.0cm，基部有光泽带红褐色斑，外层红绿色，内层紫红色带奶油色。叶姿开张，叶片基部两边圆且对称，叶柄基部无斑块，有蜡层，边缘有叶翼且抱紧假茎，沟槽边缘向内弯。吸芽靠近母株垂直生长，吸芽的假茎红绿色，带少量斑点；吸芽的叶片正背面中脉有或无紫红色，叶柄基部无着色、斑点。每穗果梳7~10梳，每梳果指14~20根，平均单株产量为20.0kg，最高产量约为25.0kg。

【优异性状及利用】耐寒，丰产稳产，口感软滑、细腻，可直接栽培利用。

18. 大化大蕉

【采集地】广西河池市大化瑶族自治县。

【主要特征特性】当地称土芭蕉。生长周期16～17个月。假茎高400.0～500.0cm，基部粗度80.0～90.0cm，中部粗度50.0～60.0cm，基部浅绿色带黑褐色斑块或红绿色

带少量斑点。叶姿开张，叶片基部两边圆且对称，叶片背面中脉有或无紫红色，叶柄基部无斑块，边缘有叶翼且抱紧假茎，沟槽边缘向内弯。吸芽靠近母株垂直生长，吸芽的假茎红黑色，部分有斑块；吸芽的叶片正背面中脉有或无红色，叶柄基部红色或红绿色、无斑点，叶鞘粉色。单株产量为 25.0～32.0kg。

【优异性状及利用】植株粗壮，耐寒，抗枯萎病，可直接栽培利用，亦可作为育种材料。

19．田东粉蕉

【采集地】广西百色市田东县。

【主要特征特性】生长周期 16～17 个月。假茎高 350.0～450.0cm，基部粗度 90.0～110.0cm，中部粗度 55.0～70.0cm，基部红绿色带光泽，有红褐色斑点。叶姿开张，叶片基部两边圆且对称，叶片背面中脉有或无浅紫色，叶柄基部无着色、斑块，有蜡层，边缘有叶翼且抱紧假茎，沟槽边缘向内弯。吸芽靠近母株垂直生长，吸芽的假茎黄绿色，无斑块；吸芽的叶片正背面中脉浅紫红色，叶柄基部无着色、斑点。每穗果梳 9～12 梳，平均每梳果指 17.5 根，单株产量为 24.0～32.0kg。

【优异性状及利用】植株粗壮，耐寒，可直接栽培利用，亦可作为育种材料。

20．涠洲岛矮蕉

【采集地】广西北海市涠洲岛。

【主要特征特性】属香牙蕉类。假茎高160.0～200.0cm，基部粗度60.0～70.0cm，基部青绿色，间有红紫色。果穗长50.0～70.0cm，果指长17.0～20.0cm，平均单株产量为20.0kg，果指微弯，成熟后果皮金黄色。

【优异性状及利用】生育期短，植株矮化，抗风力强，可直接栽培利用，亦可作为育种材料。

21．那龙矮蕉

【采集地】广西南宁市隆安县。

【主要特征特性】采集于南宁市周边，为农家变异种，属于香牙蕉类，保存于广西南宁市。假茎高160.0cm，基部粗度约52.0cm，黄绿色，有黑褐色斑、有蜡粉。叶姿开张，叶片基部两边圆且对称，长约150.0cm，宽约68.0cm，叶面深绿色，无蜡粉，叶背绿色，无蜡粉，叶柄沟槽直且边缘直立。雄蕾披针形，外面紫色，无蜡粉；内面黄色带紫粉红色，开放后外卷。果实青果皮浅绿色，熟果皮黄色，细长且弯，无种子。

【优异性状及利用】植株矮化，口感好，产量较高，可作为育种材料。

22. 桂蕉1号

【采集地】广西南宁市武鸣区。

【主要特征特性】属香牙蕉类。生长周期约12个月。假茎高230.0~290.0cm，基部粗度70.0~90.0cm，基部绿色，有红褐色斑块。果穗长90.0~130.0cm，果指长24.0~

30.0cm，单果重130.0～170.0g，单株产量为25.0～50.0kg，果指微弯，排列紧凑，果梳排列整齐。果形美观，成熟后果皮金黄色，甜度适中，香味浓，品质好。

【优异性状及利用】丰产稳产，果形整齐，适应性强，已在全国香蕉主产区大面积种植。

23．桂蕉3号

【采集地】广西南宁市武鸣区。

【主要特征特性】属香牙蕉类。生长周期约13个月，比威廉斯长20～30天。假茎高260.0～290.0cm，基部粗度80.0～110.0cm。留梳7～9把，单株产量为27.0～33.0kg，比威廉斯高约7%。果形美观，商品率高。

【优异性状及利用】产量高，植株偏矮壮，耐风寒，可直接栽培利用，或作为育种材料。

24. 桂蕉 6 号

【采集地】广西南宁市隆安县。

【主要特征特性】属香牙蕉类,生育特性优良,在我国香蕉主产区均有大规模种植,2012 年广西栽培面积占全国香蕉栽培面积的 50% 以上。生长周期 12~13 个月。假茎高 240.0~300.0cm,基部粗度 70.0~90.0cm,青绿色,间有红紫色。果穗长 90.0~140.0cm,果指长 24.0~30.0cm,单果重 130.0~170.0g,产量为 36.0~52.5t/hm^2。

【优异性状及利用】丰产稳产,果形整齐,适应性强,已在全国香蕉主产区大面积种植。

25. 桂蕉 7 号

【采集地】广西玉林市福绵区。

【主要特征特性】属矮干香蕉。生长周期约 12 个月。假茎高 200.0~240.0cm,基部粗度 60.0~80.0cm。果穗长 70.0~100.0cm,果指长 22.0~28.0cm,单株产量为 22.1~26.0kg,果指微弯,排列紧凑。果形美观,成熟后果皮金黄色,甜度适中,香味浓,品质好。

【优异性状及利用】植株矮壮,具较好的抗风性,可直接栽培利用,亦可作为育种材料。

26. 桂蕉9号

【采集地】广西南宁市武鸣区。

【主要特征特性】属中干香蕉。生长周期10～12个月，比桂蕉6号长10～30天。假茎高230.0～300.0cm，基部粗度70.0～90.0cm，中部粗度50.0～70.0cm，基部绿色，有褐色斑块，内层略显淡红色。果穗长圆柱形，单果重160.0～200.0g，单株产量为20.0～40.0kg，果梳排列较整齐。果形美观，催熟后果皮金黄色，果肉乳黄色，甜度适中，微糯，有香味。果实具有较好的耐储性。

【优异性状及利用】中抗香蕉枯萎病，可直接栽培利用，亦可作为育种材料。

27. 桂蕉早1号

【采集地】广西南宁市西乡塘区。

【主要特征特性】属香牙蕉类。生长周期11～13个月，比桂蕉6号短15～30天。假茎高230.0～250.0cm，基部粗度70.0～90.0cm，两者均介于桂蕉6号与浦北矮蕉之间，基部青绿色，间有红紫色。果穗长 70.0～110.0cm，果指长 17.0～23.0cm，平均单株产量为 24.3kg，果指微弯，排列紧凑，果梳排列整齐。成熟后果皮金黄色，香味浓郁怡人，口感丝滑香甜。

【优异性状及利用】 生育期短，株高较矮，高产稳产，适应性强，果穗紧凑，梳形整齐，商品性好，可直接栽培利用，亦可作为育种材料。

28. 金粉 1 号

【采集地】 广西南宁市武鸣区。

【主要特征特性】 生长周期 18～20 个月。假茎高 460.0～500.0cm，黄绿色，有光

泽，有少量褐色斑。每穗果梳10~15梳，每梳果指18~20根，单果重105.0~130.0g，单株产量为27.0kg，平均产量为37.7t/hm^2，果指微弯，横切面呈圆形。果实圆形，果皮浅绿色，果肉白色，口感软滑香甜。

【优异性状及利用】丰产稳产，口感软滑，耐寒，已在广西香蕉主产区大面积种植。

29. 银粉1号

【采集地】广西南宁市西乡塘区。

【主要特征特性】生长周期18~20个月。平均假茎高369.0cm，中部粗度56.3cm，黄绿色，有少量褐色斑。平均果指长15.38cm，果实周径约14.67cm，果皮厚约0.24cm，平均单株产量为16.2kg，平均产量为23.7t/hm^2。果实圆形，微弯，果皮灰绿色，表面布满银白色蜡粉，后熟果实银黄色，果肉乳白色。平均可食率为77.8%，平均可溶性固形物含量为28.7%。

【优异性状及利用】丰产稳产，口感软滑，可直接栽培利用，亦可作为育种材料。

30. 桂大蕉1号

【采集地】广西南宁市西乡塘区。

【主要特征特性】生长周期13~14个月。植株高大，一代蕉假茎高360.0~420.0cm，粗壮，基部粗度 90.0～110.0cm。果指长 13.0～14.0cm，弯度较小，单果重 80.0～150.0g，平均产量为 14.2～16.7t/hm^2。果实成熟后果皮金黄色，果肉显粉红色，较硬，甘甜带酸，货架期较长。对香蕉枯萎病具抗性，对叶斑病也具有较强抗性。

【优异性状及利用】植株粗壮，具有较好的抗风性，果实耐储运，可直接栽培利用，亦可作为育种材料。

第五节　杧　　果

杧果（*Mangifera indica*）属于漆树科（Anacardiaceae）杧果属（*Mangifera*），英文名 Mango。杧果属包含 62 个种，其中约有 16 种的果实可食用。杧果原产于亚洲南部热带的印度、缅甸、泰国、印度尼西亚、菲律宾一带，已有 4000 年的栽培历史，是著名热带水果，被誉为热带水果之王，其世界年产量约 1700 万 t，产量居世界果树第五位。

广西杧果的种植区域主要在北纬 21.96°～23.91°、东经 106.62°～110.14°，分布在百色市的右江区、田东县、田阳区，以及钦州市、南宁市、玉林市、崇左市等地。这些地方年均温在 19.8～24.1℃，年降水量在 700～2000mm，但以年均温在 21.0～22.0℃ 的百色市右江区河谷地带种植较多。自 2010 年以来，广西杧果产业持续快速发展，种植面积和产量已居全国第一。截至 2017 年底，全区杧果栽培面积约 10.0 万 hm^2，已经投产约 5.2 万 hm^2，占总面积的 1/2，总产量约 71.0 万 t，总产值达 37.2 亿元。作为广西杧果主产地，百色市的杧果栽培面积已占全区杧果栽培总面积的 85.3%，并且百色市杧果已成为"中国－欧盟地理标志互认农产品"。

目前，广西收集保存的国内外杧果资源有300份左右，广西农业科学院园艺研究所收集保存100多份。对其中11份评价优异的资源——桂科五号、四季蜜杧、桂热82号、金桂香杧、爱文杧、红贵妃杧、金煌杧、田阳香杧、台农1号、水英达、紫花杧进行介绍，以方便国内广大科技工作者、教学人员交流和新品种选育利用。

1．桂科五号

【采集地】广西南宁市西乡塘区。

【主要特征特性】果实长椭圆形，平均单果重260.0g，果肉嫩滑，金黄色，纤维少，可溶性固形物含量为18.0%～22.0%，可食率为66.0%～72.0%，风味香甜浓郁。在南宁种植，花期在4～5月，果实成熟期在8～9月。

【优异性状及利用】花期晚，优质，丰产稳产，耐储运，较抗炭疽病、白粉病、疮痂病等病害，是优良的育种材料。

2．四季蜜杧

【采集地】广西南宁市西乡塘区。

【主要特征特性】果实椭圆形，平均单果重230.0g，扁平，近生理成熟时果皮灰绿色，后熟果皮亮黄色，果肉黄色，纤维略多，蜜甜，平均可溶性固形物含量为17.5%，种子多胚。该品种一年内多批次开花结果，正造果成熟期在6～7月。果实耐储运。

【优异性状及利用】该品种一年内多批次开花结果，可作为反季杧果生产利用，也可作为杧果杂交育种的亲本材料。

3. 桂热 82 号

【采集地】广西南宁市兴宁区。

【主要特征特性】果实香蕉形，平均单果重 230.0g，成熟果皮淡绿色，果肉黄色，纤维少，肉质细滑，多汁，有特殊香味，蜜甜，可溶性固形物含量约为 22.6%。花期在 3～5 月，果实成熟期在 7～8 月。

【优异性状及利用】花期迟，高产较稳产，果形美观，鲜食品质极佳，可直接用于生产。

4. 金桂香杧

【采集地】广西南宁市西乡塘区。

【主要特征特性】果实肾状长椭圆形，平均单果重 260.0g，果肉橙黄色，质地较细腻，细滑坚实，味清甜，香味浓郁，平均可溶性固形物含量为 18.5%，平均可食率为 74.8%。该品种植株生长势强，早结，丰产稳产，果实商品性好，果皮较厚，耐储运。花期在 2～4 月，果实成熟期在 7 月上中旬。

【优异性状及利用】果实风味足，并带有松香味，可以用来做果脯，鲜榨、鲜食均为佳品。

5. 爱文杧

【采集地】广西百色市田阳区。

【主要特征特性】果实卵形,大小适中,平均单果重300.0g,近生理成熟时果皮紫红色,后熟果皮橙黄色带绯红色,较光滑、薄,果点明显、密集,果肉橙黄,酸甜适中,质地细腻,无纤维,汁多,甜,风味浓,平均可溶性固形物含量为12.0%。叶片披针形,渐尖,叶面扭曲,叶缘微波状,叶片深绿色。较耐储运,较抗炭疽病和白粉病。坐果率较高,单株产量可达50.0kg以上。花期在3~4月,果实成熟期在6~7月。

【优异性状及利用】较抗炭疽病和白粉病,坐果率较高,可用作优良的育种材料;品质优,可用于商品化种植。

6. 红贵妃杧

【采集地】广西百色市田阳区。

【主要特征特性】果实长椭圆形,平均单果重480g,近生理成熟期果皮紫红色,后熟果皮黄色带彩色，果点稀疏、明显，果肉金黄色，质地细腻，味淡甜，微有松油味，可溶性固形物含量为14.0%～18.0%，可食率为73.0%～80.0%。花期在3～4月，果实成熟期在6～7月。

【优异性状及利用】果皮颜色艳丽，果实大小适应市场需求，种子单胚，是优异的杂交育种材料。

7. 金煌杧

【采集地】广西南宁市西乡塘区。

【主要特征特性】果实长卵形，平均单果重1020.0g，果肉橙黄色，细腻多汁，清甜，可溶性固形物含量为14.0%～20.0%，平均可食率达72.0%，种子扁薄，种仁占种子长度的1/3。花期在2～3月，果实成熟期在6月下旬。

【优异性状及利用】果肉细腻，果实大个，可用于鲜榨或加工成果脯，也可用于育种。

8. 田阳香杧

【采集地】广西百色市田阳区。

【主要特征特性】果实长椭圆形,平均单果重250.0g,近生理成熟期果皮浅绿色,后熟果皮金黄色,果肉深黄色,质地细腻,味甜微酸,平均可溶性固形物含量为19.5%,平均可食率为81.7%。以气味芳香、可口而著称。在田阳种植,花期在2～3月,果实成熟期在7月上旬。

【优异性状及利用】果实风味浓郁,可溶性固形物含量高,可用于栽培或创制优良种质。

9. 台农1号

【采集地】广西百色市田阳区。

【主要特征特性】果实扁卵形至斜卵形,外形美观,平均单果重280.0g,近生理成熟期果皮青绿色,向阳面紫红色,后熟果皮深黄色,光滑,果肉深黄色至橙黄色,多汁,味浓甜,香气浓郁,可溶性固形物含量为17.0%～24.0%,可食率为70.0%～80.0%。该品种属于早熟杧果品种,花期在3～4月,果实成熟期在6～7月。

【优异性状及利用】易成花,早结丰产,果实品质优良,耐储运,可直接用于栽培。

10. 水英达

【采集地】广西百色市田阳区。

【主要特征特性】果实长椭圆形,平均单果重320g,近生理成熟期果皮浅绿色，后熟果皮金黄色，果肉橙黄色，质地细腻，多汁，味甜，可溶性固形物含量为18.0%～20.0%。花期在3～4月，果实成熟期在7～8月。

【优异性状及利用】果实外形似鹰嘴、美观，同时抗病、稳产、品质优，可直接商品化种植，也可用于育种。

11. 紫花杧

【采集地】广西南宁市西乡塘区。

【主要特征特性】果实"S"形，平均单果重398.2g，果皮蜡质多，近生理成熟期果皮浅绿色，后熟果皮橙黄色，果肉橙黄色，纤维含量中等，有松香味，果核表面纤维脉络平滑，单胚，可溶性固形物含量约为13.0%，平均可食率为70.3%。该品种长势中等，枝梢紧凑，枝条灰褐色，嫩梢紫红色。花期在3～4月，果实成熟期在7～8月。

【优异性状及利用】开花结果性能好，单胚，可用于优良种质创制，也可将生果加工成特色食品——酸野。

第六节 菠 萝

菠萝（*Ananas comosus*）是凤梨科（Bromeliaceae）凤梨属（*Ananas*）的热带多年生草本植物，原产于巴西，1558年后由澳门传入台湾、广东、广西等地，是世界也是我国重要的热带特色果树，也是广西传统的优势特色果树。广西菠萝种质主要分为4个类型：卡因类、皇后类、西班牙类和杂交类，卡因类既可鲜食又适于制作罐头，代表种为无刺卡因；皇后类以鲜食为主，代表种有巴厘和神湾；西班牙类肉质粗，耐储运，代表种为土种；杂交类有金菠萝（MD-2）、台农16号、台农17号等。目前广西菠萝栽培品种85%以上是传统种植的皇后类巴厘品种，15%左右是卡因种、杂交种、土种等，主要分布在南宁市、崇左市、防城港市、钦州市、北海市、玉林市、百色市等地。20世纪80年代曾是广西菠萝生产的辉煌时期，广西科研工作者在全区范围内开展了不同规模的菠萝资源调查与收集工作，同期利用收集的种质资源创制出4529、4312、B8-43、3136、南园5号、南园10号等一批优良的杂交品种，但是由于80年代末菠萝罐头的滞销和90年代后期科研经费长期中断等多方面的原因，菠萝种质资源大量流失。直到2002年菠萝新项目立项以来至今，再次对广西9个地级市52个县（市、区）进行了系统的菠萝种质资源调查与收集工作，共收集菠萝种质资源52份，入库保存52份，筛选出了在广西具有良好适应性的种质资源16份。

1. 土种

【采集地】广西防城港市防城区。

【主要特征特性】植株长势中等，株型稍开张，叶片长且宽，绿色，基部暗红色，

叶缘布满了细密的刺，刺暗红色，花瓣艳红色。果实大小中等，果眼平，特深，成熟果皮深橙色和黄红色；果肉黄色，质地较粗，纤维多，风味芳香带酸，耐储运。吸芽4～5个，托芽6～7个，耐霜寒能力弱。

【优异性状及利用】植株对心腐病、凋萎病抗性强，果实耐储运。可利用该材料储运性佳、抗性好的特性用作育种中间材料，进行育种创新工作。

2. 神湾

【采集地】广西南宁市兴宁区。

【主要特征特性】又名金山种，因主产于广东中山市神湾镇而得名。植株比巴厘矮，株型较开张，株高70.0～80.0cm，冠幅90.0～120.0cm，叶片细长，叶缘有排列整齐的锐刺，中央有红色彩带，叶面、叶背均有白粉，叶背白粉较厚。果实短筒形，单果重0.4～0.6kg，单造果一般产量为22.5～37.5t/hm^2，小果排列整齐，大小均匀；果肉橙黄色，较爽脆，汁少，香味浓郁，可溶性固形物含量为14.0%～15.0%，总酸含量为0.5%～0.6%。早熟品种，果实成熟期在

6～7月。该品种繁殖力强，但叶缘有利刺，结果后吸芽较多，田间管理不方便。

【优异性状及利用】果实较耐储运，植株适应性强，鲜食品质好。可作为栽培品种在生产上应用，也可利用其综合特性用作育种中间材料。

3. 巴厘

【采集地】广西南宁市隆安县。

【主要特征特性】生长势较强，株型开张，叶片绿色，叶面彩带明显，叶背被白粉且有两条狗牙状粉线，叶缘有细而密的刺。果实圆筒形，大小中等，单果重0.7～1.5kg；成熟果皮黄色至橙黄色，果眼锥状凸起；果肉黄色至深黄色，质地爽脆，纤维少，香味浓，风味香甜，品质中上，可溶性固形物含量为11.0%～15.0%，总酸含量为0.3%～0.6%。早中熟品种，正造果成熟期在6～7月。

【优异性状及利用】果实香气浓，风味香甜，适应性强，比较抗旱耐寒，高产稳产，果实较耐储运。适宜鲜食，也可以加工制作罐头；可利用该品种的香气、储运性、抗性等特征进行杂交育种，创制优良新种质。

4. 澳大利亚无刺卡因

【采集地】广西南宁市西乡塘区。

【主要特征特性】植株健壮,株型直立高大,叶片狭长、肥厚、浓绿,叶缘不呈波状,无刺或近尖端有少许刺,叶槽中央有一条紫红色彩带,叶面光滑无白粉,叶背被厚白粉。果实长筒形,较大,单果重 1.2～2.0kg;适熟时果皮鲜黄色,过熟时则橙红色,果眼大而扁平,果钉浅;果肉淡黄色至黄色,质地柔软多汁,纤维少,酸甜适中,可溶性固形物含量为 12.0%～14.0%,总酸含量为 0.4%～0.8%。晚熟品种,正造果成熟期在 8 月。

【优异性状及利用】叶片无刺或仅在尖端有少许刺,田间管理方便;果大且果形好,适宜罐藏加工,成品率高。可作为栽培品种在生产上应用,也可利用该品种的叶片无刺或少刺的特征及果实外观优良、果眼平、加工性能高等特征进行杂交育种,创制优良新种质。

5. 台农 4 号

【采集地】广西防城港市防城区。

【主要特征特性】株型紧凑，叶面被白粉，印有锯齿状粉线，叶片中间有紫红色彩带，叶片质硬、狭长，叶缘有坚硬的刺，刺红色、较疏、倒钩状。果实中圆筒形，单果重1.2~1.3kg；果眼明显凸出略呈小锥状；小果苞片披针形，先端锐尖有刺；果肉淡黄色，质地细密，香甜多汁，滑口，纤维较少，可溶性固形物含量为16.5%~17.2%，总酸含量为0.5%~0.6%。食时可不用削皮，纵剖后可直接用手沿果眼顺序剥取小果食用，故称为"手撕菠萝"。

【优异性状及利用】果实香气好，糖度高，糖酸比佳，食用方法新奇，可丰富菠萝品种的多样性。可作为栽培品种在生产上应用，亦可作为亲本用于育种。

6. 台农 11 号

【采集地】广西崇左市龙州县。

【主要特征特性】果实具特殊美好香气，故俗称"香水菠萝"。植株矮小，叶片直立，叶缘无刺，叶面蜡质较厚，绿色有红色彩带。果实圆筒形，单果重1.0~1.2kg；成熟时果皮黄色，果目略凸起；果肉金黄色或深黄色，纤维细且少，具有浓郁香味，可溶性固形物含量为14.0%~16.0%，总酸含量为0.4%~0.6%，微酸。早中熟品种，正造果成熟期在 6～7 月。果实较耐储运，为优质鲜食良种。

【优异性状及利用】叶缘无刺，田间管理方便，果实具有特殊浓郁香气，可溶性固形物含量高，纤维细且少，口感微酸、品质佳。可作为栽培品种在生产上应用，亦可作为亲本用于育种。

7. 台农 13 号

【采集地】广西崇左市龙州县。

【主要特征特性】植株高，叶片长而直立，尖端及基部具少量刺，刺红色、较疏、倒钩状，叶片质地较厚，绿色中间有紫红色彩带。果实圆锥形，平均单果重 1.2kg；果目略凸，苞片长、紫红色；果肉黄金色，果心小，纤维稍硬且粗，清甜多汁，酸度低，清香，菠萝风味浓。该品种较其他品种适合在秋冬季生产，产期可调节为 10 月至翌年 2 月，反季成熟的果实仍然表现出较好的果实品质，是实现菠萝秋冬生产的优良鲜食品种。

【优异性状及利用】植株抗寒性较强，本品种适合在秋冬季生产，果实表现出较好的品质，对该品种进行产期调节可实现菠萝周年生产。可作为栽培品种在生产上应用，也可用作育种材料，开展菠萝杂交育种创新，进行菠萝新品种选育。

8. 红皮菠萝

【采集地】广西南宁市西乡塘区。

【主要特征特性】生长势较强，株型较开张，叶缘有不规则排列的刺，新叶有淡绿色与深绿色相间的彩带，老熟后彩带变成红褐色，叶面光滑无白粉，叶背被厚白粉。果形短圆筒形至圆锥形，果实较小，单果重0.6～0.8kg；未熟时果皮红色，成熟时果皮橙红色，果眼中等大，扁平；果肉淡黄色至黄色，质地较爽脆，纤维少，香味较浓，风味清甜，品质中上，可溶性固形物含量为15.0%～18.0%。

【优异性状及利用】果实未成熟时果皮红色，果实短圆筒形，具有良好的观赏价值。利用其较好的观赏性和口感较佳的可食性，可进行休闲观光、盆栽等价值开发，亦可作为亲本用于育种，创制优良新种质。

9. 观赏菠萝

【采集地】广西南宁市西乡塘区。

【主要特征特性】植株健壮，株型直立高大，叶片狭长，边缘两侧为白中透红的白色条斑，中央墨绿色，并有银白色彩带相间，叶面光滑无白粉，叶背白粉也较少，叶缘有排列整齐、疏而坚硬的刺，叶背有一条双螺旋状粉线。果实圆筒形，较小，果皮红色。植株、花、果实均有很高的观赏价值且观赏期长，果实、叶常用来制作插花，经济效益高。

【优异性状及利用】可以利用植株的观赏性特征开发盆栽、插花等价值，也可利用其美丽的外观特性作为特殊种质，开展优良新种质的创制。

10. 金菠萝

【采集地】广西南宁市江南区。

【主要特征特性】植株长势旺盛，生长整齐，株型较为紧凑，叶片较长、浓绿，叶缘无刺。果实圆柱形，果形整体一致，平均单果重1.4kg；七八成熟果皮黄绿色，果眼扁平，大小适中，果冠直立；果肉金黄色，果心稍大，纤维较多，香甜多汁，香气浓，质地较硬，耐储运，可溶性固形物含量为14.6%～16.8%。果实外观和综合评价较好，是加工和鲜食均适宜的品种，在国际菠萝市场上是主推品种。缺点是自然抽蕾率高，自然果小，果心纤维较多。

【优异性状及利用】植株长势旺盛，抗性好，叶片无刺，易于田间管理，果实品质方面具有果形美观、香味浓、维生素C含量高、菠萝蛋白酶含量较低、耐储运等优点。可作为栽培品种在生产上应用，亦可作为亲本用于育种，创制优良新种质。

11. 巴西Perola

【采集地】广西崇左市龙州县。

【主要特征特性】植株生长旺盛，株型较开张，叶缘有刺，新叶中间的彩带面积较大，中心叶槽呈现出暗红色。巴西Perola抽生的托芽较多，对果实发育及果实外观有一定影响。果实多呈圆锥形，平均单果重0.9kg；未成熟果皮褐红色，成熟果皮黄色，果眼小、数目多、稍凸；果肉淡黄色或白色，多汁，风味好，酸度低，平均可溶性固形物含量为12.4%。

【优异性状及利用】植株长势强，对心腐病、凋萎病抗性强。可利用植株的较强抗性用作育种中间材料，开展育种创新工作。

12. 台农 17 号

【采集地】 广西防城港市防城区。

【主要特征特性】 植株长势中等，除叶尖外叶缘无刺，叶面中部略呈褐红色，两端为草绿色。果实圆筒形，单果重 1.2～1.8kg；成熟果皮黄色至橙黄色，果眼浅；果肉深黄色或金黄色，果心稍大但细嫩可食，质地细致，口感与风味极佳，品质上等，可溶性固形物含量为 14.7%～17.5%，总酸含量为 0.3%～0.8%。果实正常成熟期在 6～8 月，在桂南是综合性能表现较佳的台农系列菠萝品种之一。

【优异性状及利用】 该品种的叶片仅在尖端有少许刺，田间管理方便，果实糖酸比佳，口感品质优，储运性较好。可作为栽培品种在生产上应用，亦可作为亲本用于育种。

13. 台农 16 号

【采集地】 广西防城港市防城区。

【主要特征特性】 植株高大，生长势强，叶片较软，除叶尖外叶缘无刺，叶面中轴有浅紫红色带，并有隆起条纹。果实长圆锥形，单果重 1.3～2.1kg；成熟果皮黄色至鲜黄色，果眼大，小果略凸；果肉浅黄色至黄色，果心稍大，纤维极细，质地细嫩，多汁，鲜食风味极佳，平均可溶性固形物含量达 18.0%，平均总酸含量为 0.5%。

【优异性状及利用】仅叶片尖端有少许刺,田间管理方便,果实可溶性固形物含量高,纤维极细,质地细脆,果心纤维极少,鲜食口感品质极佳。可作为栽培品种在生产上应用,亦可作为亲本用于育种。

14. 台农21号

【采集地】广西防城港市防城区。

【主要特征特性】植株长势中庸,叶片草绿色,较金菠萝叶色稍淡,卷凹,叶缘无刺。果实圆筒形,单果重1.1~1.2kg;成熟果皮黄色,果目略凸;果肉金黄色,纤维少,味香甜,多汁脆爽,鲜食风味佳,可溶性固形物含量达16.0%~16.8%,平均总酸含量为0.6%。储运性好,丰产稳产性强。

【优异性状及利用】植株无刺,便于田间操作,果实圆筒形,外观好,果实甜酸,糖酸比佳,风味好,且储运性较强,是适合商品化种植的优良菠萝鲜食品种。可作为栽培品种在生产上应用,也可利用该品种植株无刺及良好的内外品质特征开展种质创新工作。

15. 台农6号

【采集地】 广西防城港市防城区。

【主要特征特性】 株型开张，长势中庸，叶片较平展，叶面绿色有红色条带，叶缘有刺，刺红色、较密、倒钩状。果实圆筒形或短圆形，平均单果重约1.0kg；成熟果皮黄色；果肉淡黄色，果心稍大，但脆而可口，纤维细且少，清甜多汁，有苹果风味，质地软而致密，平均可溶性固形物含量为14.8%，平均总酸含量为0.6%。

【优异性状及利用】 香气好，口感品质佳，果心脆而可口。可利用该品种的香气和内在品质特征用作遗传中间材料。

16. 西瓜菠萝

【采集地】 广西防城港市防城区。

【主要特征特性】 植株大，生长势强，株型较直立，叶片浓绿色，除叶尖外叶缘无刺，叶背有白色和绿色相间的条带。果实椭圆形，大如西瓜，单果重2.0～4.0kg；成熟果皮暗黄色至黄色，果眼及苞片上有5～8条长短不一的褐色裂痕，该特征为此品种的明显标志；果肉纤维少，味清甜，多汁脆爽，鲜食风味佳，平均可溶性固形物含量达15.5%，总酸平均含量为0.4%。3月中下旬自然开花，在桂南地区果实成熟期在7月下旬至8月上旬，成熟晚。

【优异性状及利用】植株叶片基本无刺，便于田间操作，果实外观好，果实大，风味佳，生育期较其他品种长，果清甜，果眼浅，蛋白酶含量低，储运性较强。可作为栽培品种在生产上应用，也可利用该品种大而美的外观、自然果优良的内在品质、较好的抗性等特征用作育种中间材料。

第七节 番 木 瓜

一、概述

番木瓜（*Carica papaya*）是番木瓜科番木瓜属的植物，通常称为木瓜。番木瓜为热带、亚热带大型多年生草本植物，原产于热带美洲，在热带地区普遍栽培，有文献记载番木瓜传入中国种植已超过300年（林日荣，1979）。

广西番木瓜种植历史悠久，《广西贵县罗泊湾汉墓》一书称广西汉墓出土有番木瓜种子，认为广西在汉代已有番木瓜种植（广西博物馆，1988）。20世纪80年代广西从广州引入穗中红番木瓜，此品种成为广西主要的加工、鲜食兼用品种；21世纪初从台湾引入台农系列、日升系列等水果型番木瓜品种种植；2007年广西金光农场发展成为华南地区番木瓜连片种植的最大生产基地（黄党源，2008）；随后广西南宁市、来宾市等地引入红铃作为加工型番木瓜种植，从而形成了广西水果型、加工型番木瓜齐头并进共发展的局面。近年来，广西番木瓜产业发展迅速，其中加工型番木瓜种植面积位列华南第一，是我国木瓜蛋白酶和木瓜酱菜的原料来源基地。

二、资源调查收集保存鉴定情况

广西农业科学院园艺研究所自20世纪80年代就积极开展番木瓜新品种、新技术的引进和研究工作，自2004年以来分别承担了农业部、广西科学技术厅、广西农业科学院等的多个番木瓜科研项目，先后从国内外引进、收集、保存与鉴定了大量水果型、加工型番木瓜种质资源，筛选了适合于广西栽培的番木瓜品种，并总结出了相应的配套高产优质栽培技术，为广西番木瓜产业发展提供了品种和技术支撑。

三、类型与分布

广西番木瓜种植品种类型主要分为水果型和加工型，其中水果型番木瓜主要有日升系列和台农系列，日升系列中大白皮日升以丰产、优质、单果重0.7~1.0kg、大小适中，成为广西水果型番木瓜主栽品种。广西水果型番木瓜种植受气候条件限制，主要分布于南宁、崇左、玉林、北海以及梧州等偏南地区。广西加工型番木瓜种植品种较为单一，长期以穗中红为主，自广州市果树科学研究所引入红铃品种后，因其果实和木瓜蛋白酶产量都较高，近年来逐步取代了穗中红，成为广西加工型番木瓜主栽品种。由于番木瓜加工经济效益高，而且加工型番木瓜不需果实成熟就可以加工利用，生育期很短，因此广西多地企业大力发展加工型番木瓜种植，加工型番木瓜种植区由传统的南宁市、崇左市已扩大发展到来宾市、柳州市、河池市等北缘地区。

1. 穗中红

【采集地】广西南宁市横县。

【主要特征特性】株型中等，当年种植株高约1.8m，茎干灰绿色，叶柄浅绿色，叶片掌状缺刻，缺刻略深，叶端稍下垂。开花节位50.0~60.0cm，单果重约1.5kg，果柄较长，为8.0~10.0cm。两性果长圆形，雌性果椭圆形，未成熟果实果皮绿色，成熟果实果皮黄色，果肉鲜黄色，可溶性固形物含量为8.0%~10.0%。

【优异性状及利用】果实大，丰产，且含有丰富的木瓜蛋白酶，可作为提取木瓜蛋白酶和加工制作酱菜的品种应用。

2. 红铃

【采集地】广西崇左市江州区。

【主要特征特性】株型矮壮，当年种植株高约1.6m，茎干灰绿色，叶柄浅绿色，叶片掌状缺刻，缺刻略深。开花节位较低，为30.0～40.0cm，单果重约2.0kg，果柄长6.0～8.0cm。两性果长圆形，雌性果椭圆形，未成熟果实果皮绿色，成熟果实果皮黄色，果肉橙黄色，可溶性固形物含量为9%～11%。

【优异性状及利用】果形大，极丰产，且木瓜蛋白酶含量高，适合作为提取木瓜蛋白酶和加工制作酱菜的品种应用。

3. 大白皮日升

【采集地】广西南宁市隆安县。

【主要特征特性】株型中等，当年种植株高约 1.8m，茎干灰绿色，叶柄浅绿色，叶片掌状缺刻，缺刻略深。开花节位较低，为 40.0～50.0cm，单果重 0.7～1.0kg，果柄长 5.0～6.0cm。两性果长圆形，雌性果椭圆形，未成熟果实果皮绿色，表面光滑、泛白光，成熟果实果皮黄色，果肉橙红色，可溶性固形物含量约为 12.0%。

【优异性状及利用】果实大小适中，丰产，品质优良，适合作为水果型番木瓜品种。

4. 桂青-1

【采集地】广西南宁市武鸣区。

【主要特征特性】一种较大果型番木瓜品种。株型中等,当年种植株高约1.8m,茎干灰绿色,叶柄浅绿色带有淡紫色,叶片掌状缺刻,缺刻略深。开花节位较低,为40.0～50.0cm,单果重0.7～1.0kg,果柄长3～5cm。两性果长圆形,雌性果椭圆形,未成熟果实果皮绿色,质地光亮,成熟果实果皮黄绿色,果实硬度高,果肉红橙色,可溶性固形物含量约为13.0%。

【优异性状及利用】果实大小适中,极丰产,品质优良,外观漂亮,商品率高,且间断结果不明显,在生产上有较高应用价值。

第八节 火 龙 果

火龙果是仙人掌科（Cactaceae）量天尺属（*Hylocereus*）或蛇鞭柱属（*Selenicereus*）的植物。广西火龙果属于外来物种,由于气候环境为火龙果适宜生长区域,火龙果在各地得以迅速发展,各地种植保存的种质资源具有丰富的多样性,部分品种在广西具有悠久的栽培历史。截至2018年,广西火龙果栽培面积达1.7万hm^2,总产量超18.7万t。2015～2018年广西农业科学院园艺研究所对火龙果产区进行了种质资源调查,收集保存了地方特色品种和主栽品种共5份。

1. 野外红肉 1-7

【采集地】广西南宁市武鸣区。

【主要特征特性】武鸣区野生资源，多年前火龙果栽培面积小，市场价格较高，属于比较稀少的水果之一。有附近居民从野外移回围墙边种植，抗病性强。果小，果肉红色、带酸，产量低，无商品栽培价值。

【优异性状及利用】果皮厚，耐储运，可作为抗病或耐储运杂交育种材料。

2. 隆安野外种

【采集地】广西南宁市隆安县。

【主要特征特性】隆安县野生资源，野外及路边常见资源。植株长势中庸，果实鳞片大，植株和果实易感病，不耐寒，难储运，果肉软、半透明胶状、带酸，种子小，无商品栽培价值。

【优异性状及利用】可作为资源保存，将来可用作育种研究材料。

3. 灵山霸王花

【采集地】广西钦州市灵山县。

【主要特征特性】在当地种植历史悠久，从20世纪90年代初期就开始有规模种植。栽培目的是收获花苞进行烘干，然后加工成霸王花，不以收获果实为目的。果实长椭圆形，红皮白肉，成熟时鳞片带绿色，果肉微酸，草腥味明显，但成花量大，且管理粗放，植株长势中庸。

【优异性状及利用】由于该品种极易成花，同批次一个枝条可以同时开多个花苞，成花量大，是干花加工的优选品种。

4. 御红龙

【采集地】广西百色市平果市。

【主要特征特性】地方栽培品种。果实大，外观鲜紫红色，果肉红色，质地细腻，品质佳，高产稳产，深受消费者喜爱。

【优异性状及利用】果肉红色，品质佳，成熟时果皮紫红色，可作为商业主栽品种和大果型及提高外观品质杂交育种材料。

5. 桂红龙

【**采集地**】广西玉林市博白县。

【**主要特征特性**】优良栽培品种。果肉红色，品质佳，果实大，大小均匀，高产稳产，具有较高的商业种植生产价值，深受种植者和消费者的喜爱。

【**优异性状及利用**】果实大，品质佳，可作地方主栽品种和优势杂交育种材料。

第九节 黄　　皮

黄皮（*Clausena lansium*）属于芸香科（Rutaceae）黄皮属（*Clausena*）。原产于我国华南地区，是我国特有的优良果树之一，据《齐民要术》《本草纲目》《岭南杂记》记载，我国栽培黄皮的历史至少有1500年。黄皮属于南亚热带常绿果树，果实鲜食、加工、药用。在我国主要分布于广西、广东、海南、福建、云南等地；在广西除桂北的全州县、兴安县、资源县、灌阳县、龙胜各族自治县等少数县市外其余地区都有黄皮的分布，主要分布在南宁市、玉林市、贵港市、钦州市、河池市。黄皮是华南特有的小宗果树，具有丰富的营养及药用价值，是众多消费者喜欢的夏令水果，最近几年发展十分迅速，目前南宁市、钦州市、贵港市等地种植黄皮超过0.6万 hm^2。

广西民间有种植实生黄皮的习惯，因此其产生许多实生变异，种质资源十分丰富。广西农业科学院园艺研究所从20世纪70年代开始进行黄皮种质资源的调查、收集、鉴定等研究工作，现保存黄皮种质资源70多份，筛选出桂黄皮1号、桂黄皮2号、无核黄皮等优良品种，并在生产中推广应用，产生了明显的社会经济效益，对推动广西特色水果产业发展、促进品种结构调整起到重要作用。

1. 大香皮

【采集地】广西梧州市藤县。

【主要特征特性】在广西藤县发现的实生优良单株。果实成熟期在7月中下旬。果实短心形，平均单果重9.62g；皮厚，成熟果皮黄色；果肉蜡白色，质地脆嫩，味酸甜，有黄皮芳香味，种子3～5粒，多为4粒，平均可食率为54.7%，平均可溶性固形物含量为16.3%。

【优异性状及利用】适应性强，果实较大，大小均匀，品质、风味优良，果皮甘甜，有特殊香味，抗性强，主要鲜食，亦可加工；可作为黄皮特殊种质资源用于研究及育种，也可直接栽培利用。

2. 水晶

【采集地】广西玉林市玉州区。

【主要特征特性】原产于广西玉林市玉州区。果实成熟期在7月上中旬。果实长心形，平均单果重10.13g；皮较厚，成熟果皮古铜色；果肉蜡白色，质地脆嫩，汁多，味甜酸，有黄皮芳香味，种子3～5粒，多为4粒，平均可食率为53.8%，平均可溶性固形物含量为18.8%。

【优异性状及利用】易成花，果实大小中等，品质良好，耐储运，抗旱，抗炭疽病，主要鲜食，亦可加工；可直接栽培利用，亦可作为黄皮特殊种质资源用于研究及育种。

3. 鸡子

【采集地】广西玉林市北流市。

【主要特征特性】原产于广西玉林市,在广西南宁、玉林等地均有种植。果实成熟期在7月上中旬。果实长心形,均匀饱满,平均单果重11.62g;皮厚,成熟果皮古铜色;果肉蜡黄色,质地脆嫩,汁多,味甜酸,有黄皮芳香味,种子3~5粒,多为4粒,平均可食率为57.2%,平均可溶性固形物含量为16.2%。

【优异性状及利用】树势较强,树姿较开张,易成花,果实大,品质、风味佳,肉质结实,耐储运,具有高产、优质、抗炭疽病、抗旱特性,主要鲜食,亦可加工;可直接栽培利用,亦可作为黄皮特殊种质资源用于研究及育种。

4. 圆黄皮

【采集地】广西防城港市防城区。

【主要特征特性】原产于广西防城港市防城区。果实成熟期在6月下旬。果实圆球形,均匀饱满,平均单果重8.26g;皮较厚,成熟果皮古铜色;果肉蜡白色,质地脆嫩，汁多，味酸甜，有黄皮芳香味，种子3～5粒，多为4粒，平均可食率为45.4%，平均可溶性固形物含量为16.3%。

【优异性状及利用】树势较强，树姿较开张，易成花，果实大小中等，肉质结实，丰产，抗旱，抗炭疽病，主要用于加工，亦可鲜食；可作为黄皮特殊种质资源用于研究及育种。

5．金城江黄皮

【采集地】广西河池市金城江区。

【主要特征特性】在广西河池市发现的实生单株优良资源。果实成熟期在7月中下旬。果实圆球形，均匀饱满，平均单果重8.56g；皮较薄，有韧性，成熟果皮黄褐色；果肉蜡黄色，质地脆嫩，汁多，味浓甜，有浓郁黄皮芳香味，种子3～6粒，多为4粒，平均可食率为57.6%，平均可溶性固形物含量为19.8%。

【优异性状及利用】树势强健，树姿较开张，适应性强，果实大小均匀，有浓郁黄皮风味，风味极佳，肉质结实，耐储运，丰产稳产，抗旱，抗炭疽病，主要用于鲜食，亦可加工；可作为黄皮特殊种质资源用于研究及育种。

6. 双核苦皮

【采集地】广西南宁市西乡塘区。

【主要特征特性】果实成熟期在7月中旬。果实圆球形，饱满，平均单果重8.23g；皮较薄，有苦味，成熟果皮黄褐色；果肉蜡黄色，质地脆嫩，汁多，味甜酸，有浓郁黄皮芳香味，种子1～2粒，多为2粒，平均可食率为56.2%，平均可溶性固形物含量为17.6%。

【优异性状及利用】树势强健，直立，适应性强，有浓郁黄皮香味，风味优良，少核，肉质结实，抗炭疽病，主要用于鲜食，亦可加工；可作为黄皮特殊种质资源用于研究及育种。

7. 香蜜黄皮

【采集地】广西钦州市浦北县。

【主要特征特性】在广西浦北县大成镇发现的实生单株优良资源。果实成熟期在

7月中下旬。果实圆卵形，平均单果重11.42g；皮较厚，成熟果皮古铜色；果肉蜡黄色，质地脆嫩，汁多，味甜，有黄皮芳香味，种子1~2粒，多为1粒，平均可食率为68.6%，平均可溶性固形物含量为18.7%。

【优异性状及利用】树势强健，树姿较开张，适应性强，果实较大，大小均匀，成穗好，品质、风味极佳，肉质结实，耐储运，抗炭疽病，主要鲜食；可直接栽培利用。

8. 冰糖黄皮

【采集地】广西贵港市平南县。

【主要特征特性】在广西平南县发现的实生单株优良资源。果实成熟期在7月下旬。果实圆球形，平均单果重8.98g；果皮较薄，成熟果皮黄褐色；果肉蜡白色，质地脆嫩，汁多，味甜，少酸味，无黄皮芳香味，种子2~5粒，多为3粒，平均可食率为56.7%，平均可溶性固形物含量为14.5%。

【优异性状及利用】树姿较开张，果实大小中等，大小均匀，品质、风味优良，主要鲜食；可直接栽培利用，亦可作为黄皮特殊种质资源用于研究及育种。

9. 甜黄皮1号

【采集地】广西梧州市藤县。

【主要特征特性】在广西藤县发现的实生单株优良资源。果实成熟期在7月上旬。果实卵圆形，平均单果重6.56g；皮薄，成熟果皮亮黄色，靠果柄处为黄绿色；果肉蜡白色，质地脆嫩，汁多，味浓甜，无酸味，无黄皮芳香味，种子3~5粒，多为4粒，平均可食率为56.8%，平均可溶性固形物含量为18.7%。

【优异性状及利用】树姿较开张，适应性较强，果实大小均匀，品质风味佳，主要鲜食，亦可加工；可直接栽培利用，亦可作为黄皮特殊种质资源用于研究及育种。

10. 甜黄皮3号

【采集地】广西钦州市浦北县。

【主要特征特性】在广西浦北县大成镇发现的实生单株优良资源。果实成熟期在7月上旬。果实梨形，平均单果重8.62g；皮厚，成熟果皮浅黄色；果肉蜡白色，质地脆嫩，汁多，味清甜，无酸味，无黄皮芳香味，种子2~5粒，多为3粒，平均可食率为60.4%，平均可溶性固形物含量为16.5%。

【优异性状及利用】树姿较开张，适应性强，果实大小均匀，品质、风味佳，皮厚，肉质结实，耐储运，抗性强，主要鲜食；可直接栽培利用，亦可作为黄皮特殊种质资源用于研究及育种。

11. 无核黄皮

【采集地】广西钦州市钦南区。

【主要特征特性】在广西钦州市发现的实生单株优良资源。果实成熟期在7月上中旬。果实椭圆形，平均单果重11.65g；皮厚，成熟果皮黄褐色；果肉蜡黄色，质地脆嫩，汁多，味甜酸，有黄皮芳香味，无核，平均可食率为80.6%，平均可溶性固形物含量为17.6%。

【优异性状及利用】树势强健，树姿半开张，易成花，果大，无核，大小均匀，品质优良，肉质结实，耐储运，抗旱，抗炭疽病，主要鲜食，亦可加工；可直接栽培利用。

12．桂黄皮1号

【采集地】广西防城港市防城区。

【主要特征特性】在防城港市防城区发现的一份实生单株优良资源。果实成熟期在7月中旬。果实长心形，均匀饱满，平均单果重9.69g；皮较厚，成熟果皮古铜色；果肉蜡白色，质地脆嫩，汁多，味甜酸，有黄皮芳香味，种子1~3粒，多为2粒，平均可食率为65.0%，平均可溶性固形物含量为18.1%。

【优异性状及利用】树势较强，树姿较开张，易成花，果实较大，核少，品质优良，肉质结实，耐储运，具有高产、优质、抗炭疽病、抗旱特性，主要鲜食，亦可加工；可直接栽培利用。

13. 桂黄皮 2 号

【采集地】广西南宁市武鸣区。

【主要特征特性】在广西武鸣区双桥镇发现的一份实生单株优良资源。果实成熟期在 7 月上旬。果实卵圆形，平均单果重 9.79g；皮较厚，成熟果皮黄色；果肉蜡黄色，质地脆嫩，汁多，味清甜，无酸味，无黄皮芳香味，种子 2～5 粒，多为 3 粒，平均可食率为 60.0%，平均可溶性固形物含量为 17.5%。

【优异性状及利用】树姿较开张，适应性强，果实较大，大小均匀，品质、风味佳，稳产，抗旱，主要鲜食，亦可加工；可直接栽培利用，亦可作为黄皮特殊种质资源用于研究及育种。

第十节　杨　　桃

杨桃（*Averrhoa carambola*）又名阳桃、五敛子，属于酢浆草科（Oxalidaceae）杨桃属（*Averrhoa*）。原产于东南亚地区，在我国已有近 2000 年的栽培历史，主要分布于广西、福建、广东、台湾、海南、云南等省（区）。广西主要分布在南宁市、玉林市、钦州市、贵港市、百色市和梧州市等地。杨桃作为南方特有的小宗水果，加上其具有营养和药用价值，深受消费者喜欢。截至 2018 年广西杨桃的栽培面积达 0.2 万 hm^2。

广西农业科学院园艺研究所从 20 世纪 70 年代就开始进行杨桃种质资源的研究工作，现保存种质资源 73 份，在国内首先系统开展杨桃种质资源收集、评价和创新利用研究，成为全国保存杨桃种质资源最多的单位，并先后开展了杨桃生物学特性、整形修剪、病虫害防治、高产优质栽培、优良新品种选育等研究工作，选育出大果甜杨桃系列品种7个，这些品种已成为广西主栽品种，促使广西杨桃由零星栽培向规模经济栽培发展，产生了明显的社会经济效益。

1．刘什

【采集地】广西玉林市玉州区。

【主要特征特性】原产于广东高州市，后引进广西。一年多次开花结果。果实长卵形，纵径约为10.40cm，横径约为7.54cm，敛高约2.60cm，敛厚约1.85cm，平均单果重125.0g；成熟果皮蜡白色，皮薄而有光泽，被蜡质；果肉蜡白色，果敛较薄，质地爽脆，纤维少，口感清甜，平均可溶性固形物含量为8.9%。

【优异性状及利用】生长势强，树姿开张，抗涝，抗赤斑病。可作为杨桃特殊种质资源用于研究和育种。

2．北流酸杨桃1号

【采集地】广西玉林市北流市。

【主要特征特性】母株发现于广西北流市，该母树有200多年树龄。一年多次开花结果。果实椭圆形，纵径约为11.97cm，横径约为7.44cm，敛高约3.02cm，敛厚约2.0cm，平均单果重173.0g；成熟果皮蜡黄色，皮薄而有光泽，被蜡质；果肉浅黄色，果敛较薄，质地爽脆，纤维含量中等偏少，口感先酸后带甜，有特殊香气，平均可溶性固形物含量为6.8%。

【优异性状及利用】丰产稳产，果实较耐储运，腌制后有特殊香味，抗寒、抗旱、抗涝、抗赤斑病。可作为杨桃特殊种质资源用于研究和育种。

3. 北流酸杨桃 2 号

【采集地】广西玉林市北流市。

【主要特征特性】母株发现于广西北流市，该母树有 150 多年树龄。一年多次开花结果。果实卵形，纵径约为 12.34cm，横径约为 8.15cm，敛高约 3.66cm，敛厚约 2.2cm，平均单果重 158.5g；成熟果皮蜡黄色，皮薄而有光泽，被蜡质；果肉浅黄色，较薄，质地爽脆，纤维含量中等偏少，口感先酸后甘，平均可溶性固形物含量为 5.8%。

【优异性状及利用】丰产稳产，果实耐储运，腌制后带特殊香味，抗寒、抗旱、抗赤斑病。可作为杨桃特殊种质资源用于研究和育种。

4. 北流酸杨桃 5 号

【采集地】广西玉林市北流市。

【主要特征特性】母株发现于广西北流市，该母树有 200 年左右树龄。结果易有大小年。果实椭圆形，纵径约为 12.62cm，横径约为 8.00cm，敛高约 3.26cm，敛厚约 1.84cm，平均单果重 192.5g；成熟果皮蜡黄色，皮薄而有光泽，被蜡质；果肉浅黄色，较薄，质地爽脆，纤维少，口感酸甜，汁较多，平均可溶性固形物含量为 6.8%。

【优异性状及利用】生长势强，树姿较开张，果实大小中等，果汁风味酸甜可口，果实较耐储运，抗性好。可作为杨桃特殊种质资源用于研究和育种。

5. 北流酸杨桃 6 号

【采集地】广西玉林市北流市。

【主要特征特性】母株发现于广西北流市，该母树有 100 多年树龄。一年多次开花结果。果实卵形，纵径约为 10.50cm，横径约为 8.14cm，敛高约 3.48cm，敛厚约 1.72cm，平均单果重 129.8g；成熟果皮黄色，皮薄而有光泽，少蜡质；果肉淡黄色，较薄，质地爽脆，纤维少，口感极酸，平均可溶性固形物含量为 5.0%。

【优异性状及利用】生长势强，树姿较直立，果实大小中等，较耐储运，抗性好，混合芽易变异。可作为杨桃特殊种质资源用于研究和育种。

6. 大果甜杨桃一号

【采集地】广西南宁市西乡塘区。

【主要特征特性】一年可多次开花结果。果实长椭圆形，纵径约为 12.80cm，横径约为 8.60cm，敛高约 3.30cm，敛厚约 2.20cm，平均单果重 221.0g；成熟果皮金黄色，皮薄而有光泽，被蜡质；果肉黄色，厚，味清甜，质地爽脆，纤维少，平均可溶性固形物含量为 11.5%。

【优异性状及利用】生长势强，树姿较开张，早结，丰产，果实大，有光泽，品质上等，果实较耐储运，较耐赤斑病，耐涝。可直接栽培利用，亦可作为亲本用于育种。

7. 大果甜杨桃二号

【采集地】广西南宁市西乡塘区。

【主要特征特性】一年可多次开花结果。果实短椭圆形，纵径约为12.40cm，横径约为8.60cm，敛高约3.50cm，敛厚约2.20cm，平均单果重213.0g；成熟果皮金黄色，皮薄而有光泽；果肉黄色，厚，味清甜，质地爽脆，纤维少，平均可溶性固形物含量为10.6%。

【优异性状及利用】生长势强，早结，丰产，果实大，品质上等，抗逆性强。可直接栽培利用，亦可作为亲本用于育种。

8. 大果甜杨桃三号

【采集地】广西南宁市西乡塘区。

【主要特征特性】一年可多次开花结果。果实长椭圆形，纵径约为13.28cm，横径约为7.38cm，敛高约2.60cm，敛厚约1.90cm，平均单果重183.0g；成熟果皮橙黄色，敛边青绿色，皮薄而有光泽，被蜡质；果肉黄色，味清甜，有蜜香味，质细爽脆，纤维少，化渣，平均可溶性固形物含量为12.6%。

【优异性状及利用】树姿开张、下垂，早结，生育期较短，属早熟品种，果实大小中等，有光泽，果形优美，品质风味极佳。可直接栽培利用，亦可作为亲本用于育种。

9. 大果甜杨桃四号

【采集地】广西南宁市西乡塘区。

【主要特征特性】一年多次开花结果。果实长纺锤形，纵径约为14.34cm，横径约为8.12cm，敛高约3.33cm，敛厚约1.98cm，平均单果重207.0g；成熟果皮黄色，敛边青绿色，皮薄而有光泽，套白色纸袋后果皮被粉；果肉浅黄色，味清甜，质地爽脆，纤维少，平均可溶性固形物含量为9.7%。

【优异性状及利用】生长势强，树姿开张，早结，丰产稳产，果实大，品质优良，晚熟，较抗赤斑病。可直接栽培利用，亦可作为亲本用于育种。

10. 大果甜杨桃五号

【采集地】广西南宁市西乡塘区。

【主要特征特性】一年可多次开花结果。果实长卵形,纵径约为13.36cm,横径约为8.25cm,敛高约3.31cm,敛厚约2.45cm,平均单果重221.0g;成熟果皮黄色,皮薄而有光泽,不光滑,被蜡质;果肉浅黄色,厚,味清甜,微带涩,质地爽脆,纤维含量中等偏少,平均可溶性固形物含量为9.5%。

【优异性状及利用】生长势强,树姿较开张,早结,丰产稳产,串状结果,果实大,果敛肥厚,果尖钝,品质中上。可直接栽培利用,亦可作为亲本用于育种。

11. 大果甜杨桃六号

【采集地】广西南宁市西乡塘区。

【主要特征特性】一年可多次开花结果。果实长卵形,纵径约为14.35cm,横径约为7.56cm,敛高约2.65cm,敛厚约2.00cm,平均单果重202.0g;成熟果皮黄色,皮薄而有光泽,被蜡质;果肉淡黄色,厚,味甜酸适中,质地爽脆,纤维少,平均可溶性固形物含量为10.5%。

【优异性状及利用】生长势强,树姿较开张,早结,丰产稳产,果实较大,果敛肥厚,果形优美,品质上等,果实较耐储运。可直接栽培利用,亦可作为亲本用于育种。

12. 大果甜杨桃八号

【采集地】广西南宁市西乡塘区。

【主要特征特性】一年可多次开花结果。果实卵形，纵径约为13.87cm，横径约为8.88cm，敛高约3.65cm，敛厚约2.31cm，平均单果重292.0g；成熟果皮橙黄色，皮薄而有光泽，被蜡质；果肉黄色，厚，味清甜，质地爽脆，纤维少，平均可溶性固形物含量为10.5%。

【优异性状及利用】生长势强，树姿较开张，早结，丰产稳产，果实大，果敛较肥厚，果色橙黄色，品质优良。可直接栽培利用。

13. 马来西亚B17

【采集地】广西南宁市西乡塘区。

【主要特征特性】又名水晶杨桃、红杨桃。一年多次开花结果。果实长纺锤形，纵径约为12.34cm，横径约为7.54cm，敛高约2.66cm，敛厚约2.30cm，平均单果重245.0g；未成熟果皮有明显白点，较粗糙，成熟果皮橙黄色，无蜡质，少光泽；果肉黄色，细嫩爽脆，化渣，纤维少，味甜，有蜜香味，平均可溶性固形物含量为12.0%。

【优异性状及利用】生长势较强,树姿较开张,配置授粉树时丰产稳产,果实较大,果敛肥厚,果尖钝,果形优美,口感极好,品质优,果实耐储运。可直接栽培利用,亦可作为杨桃特殊种质资源用于研究和育种。

第十一节 番荔枝

番荔枝(*Annona squamosa*)又称释迦,为番荔枝科(Annonaceae)番荔枝属(*Annona*)的半落叶性乔木果树,生长势强,树姿半开张,原产于热带美洲和西印度群岛。全球番荔枝科植物约有120属2000种,其中应用于生产的番荔枝属约有120个种,主要包含栽培种中常见的普通番荔枝、牛心梨、山刺番荔枝、冷子番荔枝、圆滑番荔枝、刺番荔枝和凤梨释迦等,这些常见种在南美洲、印度、中国和东南亚等地均有种植。台湾是我国最早引入番荔枝栽培种的地区,引种历史约有400年,当前栽培面积已超过6000hm^2。我国广西南部地区属亚热带季风温湿型气候,自然环境优越,日照充足,也是番荔枝栽培的适宜区域。随着长期从境外不断引入番荔枝优良栽培资源,以及南部边境自身存在的野生资源,截至目前,广西收集与保存的番荔枝资源已超过15份,且优良栽培种推广面积已突破1000hm^2。栽培生产研究发现,番荔枝在广西南部区域能够表现出粗生易长、早结丰产、优质高效、寿命长久等特点。

1. 番荔枝1号

【采集地】广西崇左市龙州县。

【主要特征特性】半落叶性果树。果实成熟期一般在8～9月。果实为聚合果,偏圆形或圆锥形,平均单果重438.2g,可食率为82.0%～84.0%,平均单果种子数为42粒;果皮平滑微凹陷,黄绿色;果肉乳白色,味甜,有香气,质地细腻,汁多;可溶性固

形物含量为20.0%～24.0%，总糖含量为12.0%～18.0%，总酸含量为1.0～1.5g/kg，蛋白质含量为1.2%～1.4%，维生素C含量为36.0～40.0mg/100g。

【优异性状及利用】树体生长势强，树姿开张，耐寒，耐贫瘠，虫害少，早结，丰产，产期易调控，可直接栽培利用，果实鲜食和进行甜品加工等均可。

2. 番荔枝2号

【采集地】广西崇左市扶绥县。

【主要特征特性】半落叶性果树。果实成熟期一般在8～9月。果实为聚合果，多圆锥形，平均单果重486.3g，可食率为80.0%～84.0%，平均单果种子数为35粒；果皮黄绿色，表面有小瘤状物凸起；果肉乳白色，质地细腻，甜中带微酸，汁含量中等；可溶性固形物含量为22.0%～25.0%，总糖含量为16.0%～20.0%，总酸含量为0.6～1.0g/kg，蛋白质含量为1.5%～1.8%，维生素C含量为32.0～42.0mg/100g。

【优异性状及利用】树体生长势强，树姿开张，耐寒，耐贫瘠，虫害少，早结，丰产，产期易调控，可直接栽培利用，果实鲜食和进行甜品加工等均可。

3. 龙州释迦

【采集地】广西崇左市龙州县。

【主要特征特性】龙州县边境原生番荔枝资源，属于热带果树。果实成熟期在7～8月。果实为聚合果，扁圆形，偏小，籽多，平均单果重191.4g，可食率为62.0%～70.0%；果皮浅绿色，表面鳞目细小，鳞沟明显；果肉乳白色，味甜，有香气，质地细腻，汁多；可溶性固形物含量为16.0%～22.0%，总糖含量为12.0%～17.0%，总酸含量为0.5～0.8g/kg，蛋白质含量为1.3%～2.2%，维生素C含量为26.0～32.0mg/100g。

【优异性状及利用】树体长势中庸，株型紧凑，虫害少，实生可早结，果实用于鲜食，可直接栽培利用，或用作砧木。

4. 牛心番荔枝

【采集地】广西百色市靖西市。

【主要特征特性】半落叶性小乔木。果实成熟期在 1~4 月。树皮粗糙，具细小纵裂痕。果实为聚合果，心形或卵圆形，籽多，平均单果重 206.2g，可食率为 55.0%~62.0%；果皮黄绿色或赤褐色，表面平滑；果肉乳白色，质地柔软，有香气，汁多；可溶性固形物含量为 14.0%~17.0%，总酸含量为 0.3~0.4g/kg，蛋白质含量为 1.4%~1.8%。

【优异性状及利用】树势强健，树姿开张，实生可早结，丰产，果、皮、种、叶均可入药，果实可鲜食，种子可用于砧木育种。

第十二节 莲 雾

莲雾（*Syzygium samarangense*）是桃金娘科（Mytaceae）蒲桃属（*Syzygium*）的多

年生常绿热带小乔木果树，原产于马来半岛及安达曼群岛，在泰国、印度及印度尼西亚等国家广泛种植。莲雾喜光温、怕寒冷，自然环境下春花夏果，果实清脆可口，不同品种的莲雾颜色、形态各具特色，具有较好的观赏价值和经济价值。莲雾在17世纪由荷兰人自爪哇岛引入我国台湾，后遍布全省和华南沿海各省（区）。广西于20世纪开始对莲雾优异品种引进种植，近几年广西农业科学院开展了大量资源收集与鉴定工作，从国内外收集保存莲雾种质资源14份，其中具有栽培价值的品种（系）12份、具有观赏价值的资源1份、其他资源1份。

1. 大叶红

【采集地】广西南宁市西乡塘区。

【主要特征特性】因叶片硕大、果实色泽艳红而得名。耐寒性强，产期调节易成花。生长适宜温度25～30℃，温度≤3℃易发生寒害。自然果成熟期在6中旬至8月上旬。果实锥形，单果重80.0～120.0g，果皮色泽鲜红，果面纹沟较明显，果肉白色，质地硬脆，果实中心海绵体长3.4～5.4cm，可溶性固形物含量为9.0%～11.0%。

【优异性状及利用】果实色泽艳红，裂果落果率相对较低，易成花，花粉量大，易结种子，耐寒性强，可直接栽培利用，亦可作为亲本用于育种。

2. 桂平莲雾

【采集地】广西南宁市西乡塘区。

【主要特征特性】属于大（深）红色小果品种，在广西桂平市栽植历史已超过200年，现尚保存有树龄超过200年的桂平莲雾老树。生长适宜温度为25～30℃，温度≤5℃易发生寒害。自然果成熟期在5中旬至7月下旬。果实短锥形，单果重40.0～50.0g，果面无纹沟，果皮深红色，果肉乳白色，质地较脆，果实中心海绵体长2.6～3.1cm，可溶性固形物含量为7.0%～10.0%。

【优异性状及利用】具有果色好、耐储存、耐寒性较好的性状，花朵具有少量花粉，可作为亲本用于育种。

3. 红翡翠

【采集地】广西防城港市防城区。

【主要特征特性】生长适宜温度为25~30℃，温度≤7℃易发生寒害。自然果成熟期在6中旬至8月上旬。果实长钟形，单果重103.0~170.0g，果面纹沟明显，果皮紫红色偶透翡绿纵纹，果肉淡白绿色，质地较脆，果实中心海绵体长1.3~2.4cm，可溶性固形物含量为9.0%~14.0%。

【优异性状及利用】兼具粉红色南洋种莲雾的风味口感和泰国红莲雾裂果率低、外观翡红艳丽、脆口清甜的特征，果形美观，果实中心海绵体较小，甜度较高，品质优良，可直接栽培利用，亦可作为亲本用于育种。

4. 绿色种莲雾

【采集地】广西南宁市西乡塘区。

【主要特征特性】一种优质的莲雾品种（系），其风味口感俱佳，曾被称为"20世纪莲雾"。生长适宜温度为25~30℃，温度≤7℃易发生寒害。自然果成熟期在6上旬至7月下旬。果实偏圆形，单果重50.0~70.0g，果面无纹沟，果皮翠绿色，果肉翠绿色，质地较脆，果实中心海绵体长2.9~3.8cm，可溶性固形物含量为9.0%~12.0%。

【优异性状及利用】果皮翠绿色，色泽美观，具有甜度高、口感好的性状，并具有独特的芳香，可直接栽培利用，亦可作为亲本用于育种。

第一章　广西常绿果树

5. 印尼大果

【采集地】广西南宁市西乡塘区。

【主要特征特性】果形硕大如巴掌，口感甜脆且具有蒲桃香气，因此又称为巴掌莲雾或香水莲雾。该品种的酸度较其他品种低，果肉脆而纤维细。生长适宜温度为25～30℃，温度≤5℃易发生寒害，高温多湿环境下易感染疫病。自然果成熟期在6中旬至8月上旬。果实长钟形，单果重190.0～250.0g，果面纹沟明显，果皮绿棕色，果肉淡绿色，硬度较低，果实中心海绵体长3.9～5.5cm，可溶性固形物含量为9.0%～12.0%。

【优异性状及利用】果形硕大如巴掌，果肉脆而纤维细，具蒲桃香气，且较为耐寒，可直接栽培利用，也可作为育种材料进行创新利用。

第十三节　油　　梨

油梨（*Persea americana*）又称鳄梨、酪梨、牛油果，属于樟科（Lauraceae）鳄梨属（*Persea*）。鳄梨属约有90个种，主要分布于热带美洲。根据原产地生态环境的差异，油梨可分为西印度系、危地马拉系和墨西哥系3个种系，三者起源的生态条件不同，对气候的适应性特别是耐寒性明显不同。油梨最早于1918年传入我国台湾，1925

年以实生苗的方式少量引入广东广州市、汕头市，1931年传至福建福州市、厦门市、漳州市等地。新中国成立以后油梨正式在广东、海南、广西等省（区）试种并开展相关研究。广西以龙州县、凭祥市、南宁市、柳州市等地种植株数较多，直至今日，在崇左市龙州县、玉林市、桂林市仍有当时存活下来的大树。据李俊荣1987年统计，全区有8个地区33个县市77个试种点试种成功，共种植10 000多株。这些实生树成为广西油梨本地资源库的重要基础。广西职业技术学院（原广西农垦职工大学）选育并定名的油梨品种桂垦大2号、桂垦大3号、桂垦大11号和桂垦大15号，以及广西南亚热带农业科学研究所（原广西橡胶研究所）选育并定名的桂研3号、桂研5号、桂研8号和桂研10号即在20世纪80~90年代从广西原有数千株油梨实生树单株中筛选而来。这些自育品种与同期引进的世界著名品种哈斯（Hass）和富尔特（Fuerte）是广西目前栽种面积较大的品种。

1. 哈斯

【采集地】广西南宁市江南区。

【主要特征特性】果实成熟期在11月至翌年2月。果实卵形，单果重140.0~300.0g；果皮厚度中等，革质，有瘤状凸起，后熟前呈铜绿色，后熟呈黑褐色；果肉奶油状，黄色，质地较好，种子小，可食率为66.0%~70.0%，含油量为18.0%~20.0%，可用于鲜食、提炼油。

【优异性状及利用】植株长势中等，树姿开张，抗寒性较强，可耐-4.5℃低温，果肉品质极佳，产量稳定，具耐储运等优良性状，可直接栽培利用，亦可作为亲本用于育种。

2. 富尔特

【采集地】 广西南宁市武鸣区。

【主要特征特性】 果实成熟期在10~11月。果实梨形，有明显的果颈，果颈从长而窄至宽而粗，中等到大，单果重170.0~500.0g；果皮薄，深绿色，中等光泽，质地柔软，表面具有黄色小斑点；果肉奶黄色，品质佳，回味较好，种子中等到大，可食率为75.0%~77.0%，含油量为18.0%~30.0%。果实成熟后树上储藏良好，但采后保质期短。

【优异性状及利用】 树势旺盛，分枝角度大，树冠庞大，可耐-4℃低温，果肉质地细腻，香味较浓，但易感炭疽病，并有隔年结果的习性，在病害压力较小的地区可作为主栽品种或作为哈斯的授粉品种。

3. 桂垦大2号

【采集地】 广西柳州市柳城县。

【主要特征特性】花期在3月上旬至4月中旬，B型花。果实成熟期在9～10月，果实圆形至椭圆形，单果重约420.0g；果皮革质，表面光滑，成熟时黄绿色；果肉黄色，油润，细腻，且有较浓的蛋黄香味，种子较大，平均可食率为76.2%，平均含油量为11.2%，适于鲜食。

【优异性状及利用】速生，主干粗壮，树叶茂盛，分枝均匀，树形美观，果实抗炭疽病能力强，不易感病，是主栽品种哈斯的理想授粉树品种，可直接栽培利用，亦可作为亲本用于育种。

4．桂垦大3号

【采集地】广西柳州市柳城县。

【主要特征特性】花期在3月中旬至5月初，花多而密，B型花。果实成熟期在10～11月。果实呈不对称椭圆形，背隆起，有数个较明显而平坦的棱角，单果重约460.0g；果皮成熟时鲜绿色；果肉黄色，油润，细腻，有蛋黄香味，种子较大，平均可食率为78.0%，平均含油量为9.2%，适于鲜食。

【优异性状及利用】速生，高产，不易衰退，嫁接苗定植后1～2年开花，第2～3年即可挂果，5龄树单株产量可达40kg，主干型树冠，分枝角度大，树冠直立而高，可直接栽培利用，亦可作为亲本用于育种。

5．桂研10号

【采集地】广西崇左市龙州县。

【主要特征特性】花期在3月上旬至4月中旬，A型花。果实成熟期在8～9月。果实椭圆形，单果重320.0～550.0g；果皮成熟时黄绿色；果肉黄色，细腻，有香味，种子较小，平均可食率为79.0%，平均含油量为11.0%，适于鲜食。

【**优异性状及利用**】树形高大,分枝均匀,枝多叶茂,生长势强,早熟,高产且稳产,耐寒性和适应性良好,果实采后不耐储运,保鲜期短,可直接作为栽培品种利用,亦可作为亲本用于育种。

第二章　广西落叶果树

第一节 葡　　萄

广西地处中国地势第二台阶中的云贵高原东南边缘，两广丘陵西部，南临北部湾海面；西北高、东南低，呈西北向东南倾斜状；山岭连绵，山体庞大，岭谷相间，四周多被山地、高原环绕，中部和南部多丘陵平地，呈盆地状，有"广西盆地"之称。广西气候复杂多变，属亚热带季风气候区。气候温暖，雨水丰沛，光照充足，夏季日照时间长、气温高、降水多，冬季日照时间短、天气干暖。受西南暖湿气流和北方变性冷气团的交替影响，干旱、暴雨、热带气旋、大风、雷暴、冰雹、低温冷（冻）害气象灾害较为常见。复杂的地质条件和气候特点孕育出丰富多变的野生葡萄资源。根据《中国葡萄属野生资源》（贺普超，2012）及20世纪80年代全国第二次资源普查情况，广西具有13个种和4个变种葡萄野生资源，以毛葡萄和腺枝葡萄最多，主要分布在永福、罗城、都安等地，是一个葡萄属种质资源的独立区。

根据第三次全国农作物种质资源调查的情况，广西整个喀斯特（即岩溶）地貌地区，均普遍分布着毛葡萄和腺枝葡萄；在相同地区还有丰富的绵毛葡萄及小叶葡萄。桂北靠近湖南、贵州的全州、资源、三江、龙胜、贺州等地，则分布有刺葡萄；桂林地区有丰富的华东葡萄资源；在南宁、扶绥等桂南地区小果葡萄作为优势种，在野外道路边经常可见。

野生资源是大自然馈赠给人类的最丰富的基因库。广西野生葡萄资源丰富，种内不同株系抗病性差异很大，遗传多样性丰富，是葡萄育种中重要的抗性种质材料。而果树野生资源的收集，是一个长期不断发现的过程，虽然我们开展了22个县（市、区）的普查工作，每个县（市、区）普查了9个具有代表性的村，但对野生资源来说，有可能出现在普查地区之外的任何地方；广西还有3/4的县（市、区）我们没有走过，还有很多地区没有调查到，很多资源没收集到。此外，采用烧山模式种植经济林对野生资源破坏非常严重，在桂南地区桉树种植区，基本上见不到任何野生资源。野生资源在经济林种植浪潮中岌岌可危，资源保护迫在眉睫。

1. 桂葡3号

【采集地】广西南宁市江南区。

【主要特征特性】嫩梢黄绿色，有茸毛，一年生成熟枝条黄褐色。幼叶黄绿色，有茸毛；成叶心形，绿色，叶片中等大小，薄而平整，叶片3裂或5裂，锯齿两侧凸，叶柄洼开张，叶背有茸毛。第1花序着生在结果枝的第2~5节。在南宁地区避雨栽培下，第一茬果萌芽期在3月上至中旬，开花期在4月上旬，果实成熟期在6月中旬，从萌芽至浆果成熟需100天左右；第二茬果萌芽期在9月上旬，开花期在10月上旬，果实成熟期在12月下旬，从萌芽至浆果成熟需120天左右，属中熟品种。在正常管理条件下，一茬果平均穗重430.0g，平均粒重5.5g；二茬果平均穗重350.3g，平均粒重4.2g，果粒大小均匀。果穗圆锥形，果粒椭圆形，果穗、果粒中等大，成熟时果皮黄色。果肉质细，皮薄肉软，有浓郁的玫瑰香味，可溶性固形物含量一茬果为17.0%~21.0%，二茬果为19.0%~23.0%。定植后一般第二年开始挂果，单株产量约为4.3kg，平均产量为767.5kg/亩[①]；第三年进入丰产期，第一茬果产量约为850kg/亩，第二茬果产量约为500kg/亩。该品种树体长势中庸偏强，萌芽率约为62.7%，花芽分化好，结果枝率达70.3%以上，平均每结果枝结果穗2.1个。花穗中等大小，坐果率高，果粒成熟一致。

【优异性状及利用】对葡萄炭疽病、黑痘病的抗性较强，对葡萄霜霉病、白粉病的抵抗能力较弱。适于全国各地葡萄产区种植，南方多雨地区宜避雨栽培。该品种结果性状好，品质好，产量高，抗性强，适应性广，具备酿造高档干白葡萄酒的潜力，是一个鲜食与酿酒兼用型优良葡萄品种。

2．桂葡5号

【采集地】广西南宁市江南区。

【主要特征特性】嫩梢黄绿色，有茸毛，一年生成熟枝条黄褐色。幼叶浅绿色，有茸毛；成叶近圆形，绿色，叶片中等大小，叶片5裂，裂刻浅，开张，叶面较光

---

① 1亩≈666.7m²，后文同

滑,叶背有黄白色绵毛,锯齿两侧凸,叶柄洼开张,为宽广拱形。两性花,第1花序主要着生在结果枝的第2~5节。在南宁地区避雨栽培条件下,第一茬果萌芽期在3月上旬,开花期在4月上旬,果实成熟期在6月下旬至7月上旬,从萌芽至浆果成熟需120~130天;第二茬果萌芽期在9月上旬,开花期在10月上旬,果实成熟期在12月下旬至翌年1月上旬,从萌芽至浆果成熟需120~135天,属中晚熟品种。在正常管理条件下,一茬果平均穗重350.0g,平均粒重8.5g;二茬果平均穗重300.0g,平均粒重7.5g。果穗圆锥形,果粒椭圆形,大小均匀,果穗、果粒中等大,成熟时果皮暗红色,果粉中等厚。果肉质细,皮薄肉软,汁多,有浓郁的草莓香味,可溶性固形物含量一茬果为16.0%~21.0%,二茬果为18.0%~23.0%,每果含种子1~3粒,多为较大的棕褐色种子,种子与果肉易分离,鲜食品质上等。定植后一般第二年开始挂果,单株平均产量为2.8kg,平均产量为496.6kg/亩;第三年进入丰产期,第一茬果产量为850~1000kg/亩,第二茬果产量为500~600kg/亩。该品种树体长势中庸偏强,萌芽率约为71.7%,花芽分化好,结果枝占芽眼总数的47.3%以上,结果枝平均果穗为1.6~2.1个。花穗中等大,坐果率中等,果粒成熟一致。

【优异性状及利用】对黑痘病、灰霉病的抗性较强,易感白腐病,对白粉病的抵抗能力较弱。该品种可在全国各地葡萄产区种植,在南方地区实施避雨栽培会大大提高其果实品质。该品种结果性好,品质优良,产量稳定,适应性广,是一个优良鲜食葡萄品种。

3. 桂葡6号

【采集地】广西南宁市江南区。

【主要特征特性】嫩梢黄绿色,有茸毛,一年生成熟枝条黄褐色。幼叶紫红色,叶背有茸毛;成叶心形,绿色,叶片中等大小,薄而平整,叶片3裂或5裂,上裂刻中等深,下裂刻浅,锯齿两侧凸,叶柄洼开张,叶背有茸毛。第1花序着生在结果枝的第2~5节。在南宁地区避雨栽培条件下,第一茬果萌芽期在3月上至中旬,开花期在4月上旬,果实成熟期在7月上中旬,从萌芽至浆果成熟需120天左右;第二茬果萌芽期在9月上旬,开花期在10月上旬,果实成熟期在12月下旬,从萌芽至浆果成熟需120天左右,属中、晚熟品种。在正常管理条件下,一茬果平均穗重282.3g,平均粒重

2.4g；二茬果平均穗重230.3g，平均粒重2.2g。果穗圆锥形，中等大且整齐，有副穗，果粒椭圆形，中等大，大小均匀，成熟时果皮紫黑色，果肉质细，皮薄肉软，可溶性固形物含量一茬果为17.0%～19.0%，二茬果为19.0%～21.0%。定植后一般第二年开始挂果，单株平均产量为4.0kg，平均产量为704.9kg/亩；第三年进入丰产期，第一茬果产量为1000～1200kg/亩，第二茬果产量约为500kg/亩。该品种树体长势中庸偏强，萌芽率约为73.7%，花芽分化好，结果枝率达77.3%以上，每个结果枝平均结果穗2.5个，坐果率高，果粒成熟一致。

【优异性状及利用】对葡萄黑痘病和霜霉病的抗性较强，对炭疽病和白粉病的抗性较弱。该品种在南方地区露地、避雨条件下，棚、篱架栽培均可，但避雨栽培效果更好。该品种结果性好，品质好，产量高，抗性强，适应性广，具备酿造高档干红葡萄酒的潜力，是一个优良酿酒葡萄品种。

4. 凌丰

【采集地】广西南宁市江南区。

【主要特征特性】嫩梢黄绿色，茸毛稍稀，一年生枝条浅褐色，当年新梢长5.0m左右，卷须三叉状分歧，一般着生两节间隔1节。叶片心形，绿色，中等厚，叶片5裂，叶面平滑，叶背茸毛稀；幼叶叶面黄绿色带紫红色，叶脉黄绿色，有光泽，叶背青灰色，茸毛稍多。花序较大，花蕾小，柱头粗短，雄蕊直立，高于柱头，花粉量大，为两性花。果穗长圆锥形，部分果穗有副穗。果粒圆形，大小整齐，着生紧凑，果皮刚转色时为浅紫红色，完全成熟时为紫黑色，有少量果粉，表面光滑美观，种子与果肉易分离，果汁紫红色，具有浓厚的山葡萄特有的香气，种子大小中等，灰褐色，每果有种子1～2粒。该品种生长势较强，枝蔓生长健壮，2月底至3月上旬开始萌芽，4月上旬开始开花，4月下旬终花，6月上旬果皮开始转为浅紫红色，6月下旬至7月初果实成熟采收，成熟期比毛葡萄提前两个月。

【优异性状及利用】该品种是两性花，自然授粉，坐果率高，丰产。雨水多时葡萄白粉病、霜霉病等病害发生较轻，用杀菌剂就能预防和控制。该品种能在广西高温多雨的气候条件下栽培。用凌丰葡萄酿制的葡萄酒呈宝石红色，澄清透明，具有浓郁的典型山葡萄酒的香气（黄宏慧等，2007）。该品种是一个独具特色的酿酒葡萄品种，适合酿制上等干型山葡萄酒。

5. 野酿2号

【采集地】广西南宁市江南区。

【主要特征特性】嫩梢浅红色，成熟枝条黄褐色，有较长的稀疏茸毛，枝条横截面近圆形。幼叶黄绿色，成熟叶绿色，全缘，卵圆形，平展光滑，基部呈"V"形，叶背有平铺于小叶叶脉间的白色茸毛，叶片看不到组织，叶柄黄褐色。属大穗型品种，开花时雄蕊花丝直立，雌能花花丝反卷呈团状，花粉可育，可自花授粉结实，开花15天后花丝才从小果上逐渐脱落。从萌芽到果实成熟约170天。在南宁地区，3月中旬萌芽，5月中旬开花，8月上旬果实开始着色，9月上旬果实成熟，结合修剪，可实现一年结两次果。果穗均为圆锥形；成熟果粒圆球形，小粒；果皮较厚，黑紫色，有小点状果蜡；果皮与果肉易分离，果肉黄绿色，果汁黄绿色；种子卵圆形，褐色，每果有3~4粒，可见明显种脐。

【优异性状及利用】易于栽培管理，在广西地区种植表现较好，生长结果正常，具有高产、稳产、优质、适应性强等特性，适宜在广西各地区栽培，尤其对丘陵、山地、石漠化石山等较恶劣的立地条件具有极强的适应性，是南方进行石漠化治理、生态重建、矿区土地复垦、公园景观、庭院绿化、观光旅游的具有多种用途的优良果树树种（吴代东等，2012）。该品种果实是毛葡萄酒的优选酿造材料。

6. 华东葡萄

【采集地】广西桂林市灵川县。

【主要特征特性】野生葡萄种质资源，生长在海拔180m左右的河滩，与乔灌木混生，生长势极强，沿着河滩两岸连续分布，常攀爬至乔木顶端，覆盖数株乔木。大型藤本。新梢黄白色，幼茎、嫩枝棱柱形，常带紫色纵纹，有显著棱角，疏被蛛丝状毛，老枝灰白色；卷须二叉，不连续着生。叶片五角状心形，叶尖急尖，叶基部戟状开张，叶缘有锯齿。成花量大，雄株。

【优异性状及利用】普查中观察到一些华东葡萄植株生长在河滩中，雨季根系长期浸泡在水中，但是它仍然健康生长，根据其主干粗度估计应有10年以上树龄，可见它的耐涝能力之强。华东葡萄种质抗霜霉病、白粉病，耐湿热气候，是南方地区葡萄育种的重要种质资源。

7. 毛葡萄-1

【采集地】广西河池市都安瑶族自治县。

【主要特征特性】野生葡萄种质资源，生长在海拔250m左右的喀斯特山地，灌木伴生。大型藤本，生长势强。新梢黄白色，密被灰白色蛛丝状茸毛。老熟枝条灰褐色，遍布脱落性絮状丝毛，枝条表皮有条状纵裂；卷须分叉，不连续分布。叶片五角状心形，新叶铜红色，后转黄绿色，成龄叶绿色，新叶叶面有蛛丝状茸毛，后期脱落，叶

背密被灰白色蛛丝状茸毛；叶柄、花序均有毛。雌株。

【优异性状及利用】植株生长旺盛，易感霜霉病，可用作鉴定霜霉病抗性基因的优良感病毛葡萄杂交亲本。

8. 毛葡萄-2

【采集地】广西河池市都安瑶族自治县。

【主要特征特性】野生葡萄种质资源，生长在海拔250m左右的喀斯特山地。大型藤本，生长势强。新梢黄白色，密被灰白色蛛丝状茸毛；老熟枝条黄褐色，遍布脱落性絮状丝毛，枝条表皮有条状纵裂；卷须分叉，不连续分布。叶片五角状心形，新叶铜红色，后转黄绿色，成龄叶绿色，新叶叶面有蛛丝状茸毛，后期脱落，叶背密被灰白色蛛丝状茸毛；叶柄、花序均有毛。雌株，成花量大，花序中等大小，雌能花。山民从山上移栽到村委办公室，单株生长覆盖面积达700m^2。

【优异性状及利用】植株生长旺盛，花芽分化能力强，结实性好，抗病性强。果实成熟后较其他野生种甜，可食用，村民利用果实自酿葡萄酒。可用作丰产优质品种选育的杂交亲本。

9. 毛葡萄-3

【采集地】广西河池市都安瑶族自治县。

【主要特征特性】野生葡萄种质资源，生长在海拔170m左右的喀斯特山地，灌木伴生。大型藤本，生长势强。新梢黄白色，密被灰白色蛛丝状茸毛；老熟枝条灰褐色，遍布脱落性絮状丝毛，枝条表皮有条状纵裂；卷须分叉，不连续分布。叶片五角状心形，新叶铜红色，后转黄绿色，成龄叶绿色，新叶叶面有蛛丝状茸毛，后期脱落，叶背密被灰白色蛛丝状茸毛；叶柄、花序均有毛。成花量大，雌株。

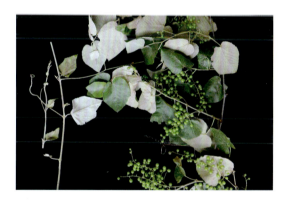

【优异性状及利用】植株长势健旺，结果多，较抗病，村民利用果实自酿葡萄酒。可用作品种选育的杂交亲本。

10. 毛葡萄-4

【采集地】广西河池市都安瑶族自治县。

【主要特征特性】野生葡萄种质资源，生长在海拔170m左右的喀斯特山地。大型藤本，生长势强。新梢黄白色，密被灰白色蛛丝状茸毛；老熟枝条红褐色，遍布脱落性絮状丝毛，枝条表皮有条状纵裂；卷须分叉，不连续分布。叶片五角状心形，新叶铜红色，后转黄绿色，成龄叶绿色，新叶叶面有蛛丝状茸毛，后期脱落，叶背密被灰白色蛛丝状茸毛；叶柄、花序均有毛。成花量大，雄株。嫩枝表皮有黄绿色腺毛，与常见毛葡萄不一样。

【优异性状及利用】植株为雄株，长势健旺，花芽分化能力强，抗霜霉病性较强。可用作授粉树。

11. 毛葡萄-5

【采集地】广西河池市都安瑶族自治县。

【主要特征特性】野生葡萄种质资源，生长在海拔150m左右的喀斯特山地。大型藤本，生长势强。新梢黄白色，密被灰白色蛛丝状茸毛；老熟枝条灰褐色，遍布脱落性絮状丝毛，枝条表皮有条状纵裂；卷须分叉，不连续分布。叶片五角状心形，新叶铜红色，后转黄绿色，成龄叶绿色，新叶叶面有蛛丝状茸毛，后期脱落，叶背密被灰白色蛛丝状茸毛；叶柄、花序均有毛。成花量大，雌株。

【优异性状及利用】植株长势健旺，花芽分化好，丰产，是山民自酿葡萄酒的主要原料。可用作品种选育的杂交亲本。

第二章 广西落叶果树

12. 毛葡萄-6

【采集地】广西河池市都安瑶族自治县。

【主要特征特性】野生葡萄种质资源，生长在海拔500m左右的喀斯特山地，灌木伴生。大型藤本，生长势强。新梢黄白色，密被灰白色蛛丝状茸毛；老熟枝条灰褐色，遍布脱落性絮状丝毛，枝条表皮有条状纵裂；卷须分叉，不连续分布。叶片五角状心形，新叶铜红色，后转黄绿色，成龄叶绿色，新叶叶面有蛛丝状茸毛，后期脱落，叶背密被灰白色蛛丝状茸毛；叶柄、花序均有毛。成花量大，雄株。

【优异性状及利用】植株为雄株，长势较强，成花好。可用作品种选育的杂交亲本。

13. 刺葡萄-1

【采集地】广西柳州市融水苗族自治县。

【主要特征特性】野生葡萄种质资源，生长在海拔650m左右的黄壤山地。大型藤本，生长势强。新梢黄绿色，小枝密被皮刺，无毛；老熟枝条褐色，有密集尖利皮刺；卷须分叉，不连续分布。新叶紫铜色，后转为绿色，成龄叶五角状卵形，叶大，叶尖短，叶尾尖且偏斜，基部心形，不重叠；叶片无毛；叶柄有皮刺。成花量大，花序长，两性花；果穗稀疏。山民从山上移栽于房前屋后。

【优异性状及利用】两性花，丰产性好，果粒大，果实高糖低酸，在当地表现出较强的霜霉病抗性，作为野果食用。可用作优良的育种材料。

14. 刺葡萄-2

【采集地】广西柳州市三江侗族自治县。

【主要特征特性】野生葡萄种质资源。生长在海拔700m左右的黄壤山地。大型藤本，生长势强。新梢黄绿色，小枝密被皮刺，无毛；老熟枝条褐色，有密集尖利皮刺；卷须分叉，不连续分布。新叶紫铜色，后转为绿色，成龄叶五角状卵形，叶大，叶尖短，叶尾尖且偏斜，基部心形，不重叠；叶片无毛；叶柄有皮刺。成花量大，花序长，两性花；果穗整齐，果粒果粉较厚，果粒大。山民从山上移栽于房前屋后，进行常规栽培管理。

【优异性状及利用】两性花，花芽分化好，产量高，果实抗炭疽病，鲜食、酿酒兼用。村民自发利用该种质发展出自有特色的刺葡萄产业，种植面积超过1000亩，产品主要是用于自酿葡萄酒。可用作优良的育种材料。

第二章 广西落叶果树 145

15. 小果葡萄-1

【采集地】广西崇左市扶绥县。

【主要特征特性】野生葡萄种质资源，生长在海拔120m左右的黄壤山坡，杂草伴生。小型藤木。新梢黄绿色，有稀疏茸毛；枝条较细，枝梢极性强。新叶铜红色，叶片心形，先端尖，基部深心形，有细锯齿；叶面疏被蛛丝状茸毛，叶背无毛，叶片较小。一年生枝梢上花序不断生长，多在5穗以上。

【优异性状及利用】雄株，成花好，花期长达2~3个月，用于授粉。可以作为优良的蜜源植物。

16. 小果葡萄-2

【采集地】广西崇左市扶绥县。

【主要特征特性】野生葡萄种质资源，生长在海拔120m左右的黄壤山坡，灌木、杂草伴生。小型藤本。新梢黄绿色，有稀疏茸毛；枝条较细，枝梢极性强。新叶铜红色，叶片心形，先端尖，基部深心形，有细锯齿；叶面疏被蛛丝状茸毛，叶背无毛，叶片较小。雌株。易感霜霉病。

【优异性状及利用】有待进一步研究。

17. 野生葡萄-1

【采集地】广西百色市隆林各族自治县。

【主要特征特性】野生葡萄种质资源，生长在海拔900m左右的土山，地貌为黄壤坡地，伴生杉木。大型藤本，生长势强。新梢被白色柔毛；卷须二叉到三叉，连续分

布。叶片巨大，成龄叶叶面无毛，叶背密被蛛丝状茸毛。

【优异性状及利用】有待进一步研究。

18. 野葡萄-2

【采集地】广西柳州市融水苗族自治县。

【主要特征特性】野生葡萄种质资源，生长在海拔200m左右的黄壤山地，灌木、竹林、杉木林共生。植株小。新梢黄绿色，密被短柔毛；卷须二叉，连续或间断分布。新叶略显铜红色，成龄叶叶面无毛，叶背密被蛛丝状茸毛。

【优异性状及利用】有待进一步研究。

19. 腺枝葡萄

【采集地】广西河池市都安瑶族自治县。

【主要特征特性】野生葡萄种质资源，生长在海拔300m左右的喀斯特山地，灌木丛、杂草伴生。生长势强。新梢黄白色，密被蛛丝状茸毛；小枝密被暗紫色具腺刚毛；卷须二叉，不连续分布。新叶铜红色，成龄叶叶面密被白色蛛丝状茸毛，形态特征与毛葡萄相近。

【优异性状及利用】浆果可鲜食、酿酒，是当地农民自酿葡萄酒的原料。

20. 蛇葡萄

【采集地】广西柳州市融水苗族自治县。

【主要特征特性】属葡萄科蛇葡萄属种质资源，是葡萄近缘种质资源，生长在海拔620m左右的黄壤山地，灌木、杉木林混生。株型中等，生长势强。新梢紫红色，密被白色短柔毛。成花量大，花序与叶对生，聚伞状，两性花，同一穗上花期不一致。果粒小，果实成熟度不一致，同一穗果实颜色差异大。

【优异性状及利用】全株均可入药，也可用作观赏植物。

21. 白粉藤

【采集地】广西百色市那坡县。

【主要特征特性】葡萄科白粉藤属种质资源，在海拔440m左右的黄壤山坡上与乔、灌木混生。草质藤本，生长旺盛。新梢无毛，铜红色；小枝圆柱形，有纵棱；节部常被白粉，节间膨大。叶片中等大小，有明显托叶，托叶膜质，肾形。聚伞花序，两性花。果实成熟时紫黑色。

【优异性状及利用】当地山民用根、藤茎入药，常用于治疗扭伤骨折、毒蛇咬伤、小儿湿疹等。

22. 绵毛葡萄-1

【采集地】广西南宁市马山县。

【主要特征特性】野生葡萄种质资源，生长在海拔440m左右的喀斯特山地，乔、灌木混生。生长势强。新梢黄白色，密被褐色茸毛；一年生枝梢密被褐色蛛丝状茸毛；卷须二叉，不连续分布。叶片无裂，三角或五角状宽卵形，先端渐尖，叶面叶脉紫红色，呈泡状，有白色柔毛，叶背密被白色蛛丝状茸毛，后期变成褐色。雌能花，花序小。果粒很小，果皮紫黑色。

【优异性状及利用】有待进一步研究。

23. 绵毛葡萄-2

【采集地】广西河池市都安瑶族自治县。

【主要特征特性】野生葡萄种质资源,生长在海拔170m左右的喀斯特山地,乔、灌木混生。生长势强。新梢紫红色,密被褐色茸毛;一年生枝梢密被褐色蛛丝状茸毛;卷须二叉,不连续分布。新叶铜黄色,叶片无裂,三角或五角状宽卵形,先端渐尖,叶面叶脉紫红色,呈泡状,有白色柔毛,叶背密被白色蛛丝状茸毛,后期变成褐色。成花量大,雄株。

【优异性状及利用】野外观察抗性强,可用于抗性育种。

第二章 广西落叶果树 151

24. 绵毛葡萄-3

【采集地】广西河池市都安瑶族自治县。

【主要特征特性】野生葡萄种质资源，生长在海拔620m左右的喀斯特山地，乔、灌木混生。生长势强。新梢紫红色，密被褐色茸毛；一年生枝梢密被褐色蛛丝状茸毛；卷须二叉，不连续分布。新叶铜黄色，叶片无裂，三角或五角状宽卵形，先端渐尖，叶面叶脉紫红

色，呈泡状，有白色柔毛，叶背密被白色蛛丝状茸毛，后期变成褐色。成花量大，雄株。

【优异性状及利用】有待进一步研究。

25. 小叶葡萄-1

【采集地】广西河池市都安瑶族自治县。

【主要特征特性】野生葡萄种质资源，生长在海拔160m左右的喀斯特山地，灌木伴生。小型藤本，侧芽萌发量大。新梢黄绿色，被白色短柔毛，后期枝梢无毛；卷须分叉或不分叉，间断着生。叶片长卵形，无裂，下端截平，顶端渐尖，后期叶面无毛，光滑呈革质，叶背密被短柔毛，叶缘锯齿不明显。雄株。

【优异性状及利用】有待进一步研究。

26. 小叶葡萄-2

【采集地】广西河池市都安瑶族自治县。

【主要特征特性】野生葡萄种质资源，生长在海拔170m左右的喀斯特山地，灌木伴生。小型藤本，侧芽萌发量大。新梢黄绿色，被白色短柔毛，后期枝梢无毛；卷须分叉或不分叉，间断着生。叶片长卵形，无裂，下端截平，顶端渐尖，后期叶面无毛，光滑呈革质，叶背密被短柔毛，叶缘锯齿明显。

【优异性状及利用】有待进一步研究。

第二节 柿

柿（*Diospyros kaki*）属于柿科（Ebenaceae）柿属（*Diospyros*）。全世界有柿属植物约190种，我国是柿属植物的原产中心，现有柿品种1058个，种质资源丰富。柿不仅是我国传统的特色水果，也是广西种植范围较广的主要经济树种之一，其富含多种营养成分，具有药用价值，果实既可鲜食，又能加工为柿子饼、柿子糕、柿子脯等附加产品；叶、皮等不同器官还可深加工为醋、茶等多元化产品，拥有广泛的市场空间，出口创汇潜力大。广西柿种植面积已达到66.4万亩，总产量90.32万t，位居全国第一，总产值达21.06亿元。桂林市作为广西最大的柿主产区，其栽培面积占全区约60%，产量超过70%，主要经济栽培区分布于恭城瑶族自治县、平乐县和阳朔县，柿产业已成为桂林市出口创汇及农民增收的重要农业支柱，除此之外，在来宾市、贺州市、百色市和钦州市等地均有小面积种植，发展前景广阔。

由于人类活动对生态环境造成不可逆的负面影响，现存的柿野生资源多零星分布，居群数量明显减少，柿种质资源逐渐遭到替代或流失，最终导致作物遗传多样性的削弱和一致性的增强。野柿、油柿和柿农家种是柿种质资源遗传多样性的基础，也是其良种繁育的原始材料。因此，对柿种质资源的保存及利用刻不容缓。虽然之前对广西柿种质资源有过初步的研究，但是对种质信息认识不够全面，对其遗传基础缺乏深入的研究。这些因素不同程度地制约着广西柿资源的研究与利用。

广西拥有丰富的柿种质资源，开发和利用的潜力巨大，要对其植物学特征、生物学特性和遗传多样性进行评价研究，发掘具有育种价值的种质资源，为柿种质资源的科学保存、有效利用和品种改良提供理论依据，为核心种质资源的筛选奠定科学基础。

1. 钦州野生柿-1

【采集地】广西钦州市钦北区。

【主要特征特性】植株结果较多，果实大小均匀，扁圆形，纵径约为4.73cm，横径约为5.44cm，平均单果重85.99g，平均可溶性固形物含量为14.30%。花期在4月，果实成熟期一般在10月底。

【优异性状及利用】野生柿资源，可为新品种选育和品种改良提供新的种质材料。

2. 钦州野生柿-2

【采集地】广西钦州市钦北区。

【主要特征特性】植株结果较少，果实椭圆形，纵径约为5.41cm，横径约为5.15cm，平均单果重87.94g，平均维生素C含量为82.20mg/100g，平均总糖含量为9.56%，平均总酸含量为0.12%，平均可溶性固形物含量为14.30%。花期在3~4月，果实成熟期一般在11月中旬。

【优异性状及利用】野生柿资源，可为新品种选育和品种改良提供原始材料。

3. 钦州野生柿-3

【采集地】广西钦州市钦北区。

【主要特征特性】植株结果较多，果实较大，均匀，扁圆形，纵径约为5.81cm，横径约为7.64cm，平均单果重196.81g，平均维生素C含量为3.16mg/100g，平均总糖含量为8.16%，平均总酸含量为0.61%，平均可溶性固形物含量为13.95%。花期在3～4月，果实成熟期在10月中旬。

【优异性状及利用】野生柿资源，可为新品种选育和品种改良提供原始材料。

4. 靖西野生柿

【采集地】广西百色市靖西市。

【主要特征特性】植株长势一般，叶片披针形，果实近圆形，纵径约为47.63cm，

横径约为50.30cm，平均单果重70.40g，平均可溶性固形物含量为14.45%。花期在3～4月，果实成熟期在11月中旬。

【优异性状及利用】野生柿资源，可为新品种选育和品种改良提供原始材料。

5. 马山野生柿

【采集地】广西南宁市马山县。

【主要特征特性】植株长势旺盛，叶片披针形，结果较少，果实长椭圆形，纵径约为5.91cm，横径约为4.92cm，平均单果重85.29g，平均可溶性固形物含量为10.90%。花期4月，果实成熟期一般在10月中下旬。

【优异性状及利用】野生柿资源，可为种质创新、培育优良特性品种提供新的种质材料。

6. 宾阳野生柿

【采集地】广西南宁市宾阳县。

【主要特征特性】植株长势一般，叶片披针形，结果较多，果实较小，扁圆形，纵径约为2.98cm，横径约为3.39cm，平均单果重19.32g，平均总糖含量为14.55%，平均总酸含量为0.23%，平均可溶性固形物含量为10.90%。花期在4月，果实成熟期一般在11月中旬。

【优异性状及利用】野生柿资源，可为新品种选育和品种改良提供新的种质材料。

7. 容县野生柿

【采集地】广西玉林市容县。

【主要特征特性】植株长势一般，结果较少，果实扁方形，纵径约为4.71cm，横径约为5.62cm，平均单果重104.03g，平均维生素C含量为46.80mg/100g，平均总糖含量为12.87%，平均总酸含量为0.16%，平均可溶性固形物含量为19.70%。花期4月，果实成熟期一般在11月初。

【优异性状及利用】野生柿资源，可为新品种选育和品种改良提供原始种质材料。

8. 贺州野生柿-1

【采集地】广西贺州市八步区。

【主要特征特性】植株长势一般，结果多，果实较小，扁圆形，纵径约为2.50cm，横径约为2.99cm，平均单果重13.46g，平均维生素C含量为2.66mg/100g，平均总糖含量为9.58%，平均总酸含量为0.43%，平均可溶性固形物含量为16.65%。花期在3~4月，果实成熟期一般在11月底。

【优异性状及利用】野生柿资源，可为品种选育和改良提供新的种质材料。

9. 贺州野生柿-2

【采集地】广西贺州市八步区。

【主要特征特性】植株长势一般，结果多，果实较小，近圆形，纵径约为3.10cm，横径约为2.88cm，平均单果重14.33g，平均总糖含量为9.06%，平均总酸含量为0.26%，平均可溶性固形物含量为20.80%。花期在4月，果实成熟期在11月底。

【优异性状及利用】野生柿资源，可为新品种选育和品种改良提供新的种质材料。

10. 贺州野生柿-3

【**采集地**】广西贺州市八步区。

【**主要特征特性**】植株长势一般，结果量一般，果实较大，圆形，纵径约为6.46cm，横径约为6.77cm，平均单果重181.90g，平均维生素C含量为11.70mg/100g，平均总糖含量为7.56%，平均总酸含量为0.27%，平均可溶性固形物含量为12.30%。花期在3~4月，果实成熟期在11~12月。

【**优异性状及利用**】野生柿资源，可为种质创新、培育优良品种提供新的种质材料。

第三节 李

　　李（*Prunus salicina*）是蔷薇科（Rosaceae）李亚科（Prunoideae）李属（*Prunus*）的多年生落叶果树，全世界有30多个种，许多种原产于我国长江流域。我国李栽培已有3000年以上历史，其在我国的分布很广，除青藏高原的高海拔地区以外，全国各地都有栽培、半栽培或野生李的资源。广西是我国李第二大产区，种植面积仅次于广东。广西农业科学院20世纪90年代对广西李种质资源开展调查发现，各县（市）均有李资源分布，鉴定出秧李、牛心李、瓜李等35个品种。广西的李资源依据果实形态可分成红皮黄肉、红皮红肉和黄皮黄肉三类；依成熟期早晚可分为早、中、晚熟三类。大部分李品种由于口感、品质方面的原因，鲜食性较差。长期以来，广西李果品深加工产业发展不足，李资源得不到应有的利用，因而也没有得到很好的保护，地方品种逐年消失甚至灭绝。目前开发、利用较好，种植规模较大的有龙滩珍珠李、凌云牛心李、南丹黄腊李和苞谷李等。

1. 龙滩珍珠李

【采集地】广西河池市天峨县。

【主要特征特性】因从天峨县龙滩附近的野生李中获得而得名。果实近圆形至扁圆形，缝合线深凹下陷；果实纵径约为2.90cm，横径约为3.30cm，平均单果重21.0g，果实整齐度较好。果皮稍厚，耐储运，深紫红色，着色面积>90%，果粉厚，灰白色。果肉淡黄至橙黄色，质地爽脆，较细腻，酸甜适中，有香味，风味好，平均可溶性固形物含量为12.9%，平均可食率为97.6%，完全离核，种子黄色，纵径约为1.15cm，大横径约为0.99cm，小横径约为0.69cm。具有特晚熟（2月中下旬初花，8月上旬果实成熟）、自花结实、丰产稳产、抗逆性强、品质优异等特性，属无公害和国家地理标志产品。

【优异性状及利用】自花授粉结实率高，丰产，果实品质优。可以发展商业种植，培育高档李果产业。

2. 凌云牛心李

【采集地】广西百色市凌云县。

【主要特征特性】广西凌云县原产李品种，因果形似牛心而得名。果实近心形，果顶稍凸，中心稍凹，梗洼圆形、中深，缝合线明显，两侧基本对称；果实纵径约为5.20cm，横径约为3.50cm，侧径约为3.00cm，平均单果重30.2g。果皮绿色至黄绿色，有红色晕斑，光滑，有果粉。果肉橙黄色，质地细嫩脆爽，多汁，清甜，有蜜香味，核小，黏核，平均可溶性固形物含量为12.1%，平均可食率为95.0%。2月中下旬初花，6月上旬果实成熟。早熟，自花结实，稳产，丰产，抗逆性强，品质优良，是国家地理标志产品。

【优异性状及利用】自花授粉结实率高，丰产，果实中大，品质优。可以发展商业种植，培育早熟高档李果产业。

3. 南丹黄腊李

【采集地】广西河池市南丹县。

【主要特征特性】广西南丹县原产李品种。果皮金黄色，因被白色蜡粉而得名，实为"黄蜡李"。果实较大，平均单果重53.2g，果形匀称，色泽鲜艳。果皮金黄色，成熟时有鲜红霞晕，表面被薄蜡粉，果皮极薄，易剥离。果肉淡黄色，质地细嫩，纤维少，肉质厚，有浓郁香味，可溶性固形物含量为10.0%～12.0%，平均总糖含量为8.2%，平均维生素C含量为5.71mg/100g。较耐储运，常温下果实可储存6～8天。中迟熟，2月中下旬初花，7月中旬果实成熟。自花结实性差，需要配栽授粉树，高产，抗逆性强，品质优良，属国家地理标志产品。

【优异性状及利用】果实较大，果形匀称，果色美艳，商品性好，品质优。可以发展商业种植，培育中迟熟高档李果产业。

4. 苞谷李

【采集地】广西河池市南丹县。

【主要特征特性】又名珍珠香李，广西南丹县本地资源，果实小，远观如玉米粒，得

名苞谷李。果实小,平均单果重12.0g。果皮绿色,成熟时有深红霞晕。果肉淡黄绿色,质地细嫩,纤维少,味甜质脆。不耐储运,常温下果实可储存3~5天。早熟,2月中旬初花,5中下旬果实成熟。自花结实,高产,稳产,抗逆性强,品质优良。

【优异性状及利用】早熟,品质优良。可以发展商业种植,培育早熟鲜食李果产业。

第四节　猕　猴　桃

　　猕猴桃（*Actinidia chinensisn*）又名奇异果,营养物质极为丰富,有"水果之王"的美称,维生素C含量为100~200mg/100g,最高可达420mg/100g（比柑橘高5~10倍,比苹果高20~80倍）。果实食用价值极高,含有人体需要的无机盐类,皮薄肉多,酸甜适度,鲜美爽口,汁多化渣,属于高档次的水果。最新的分类系统将其划分为包括54个种和21个变种的75个分类群,绝大部分种和变种为中国所特有,生产上利用较多的有美味猕猴桃、中华猕猴桃以及少量的毛花猕猴桃和软枣猕猴桃,其余均处于野生或半野生状态。我国猕猴桃种质资源极其丰富,广西是全国猕猴桃野生种属最多的省份,桂西北地区拥有大量的野生猕猴桃种群,目前已发现10余个野生品种。

　　桂西北地区多为低纬度、高海拔山区贫困县,而猕猴桃非常适合在海拔600~1300m、土壤pH为5.5~7.0的区域种植,根据调查,广西能种植猕猴桃的县有西林、隆林、田林、凌云、乐业、南丹、罗城、融水、融安、三江、资源等。目前猕猴桃种植面积:乐业近3万亩、南丹1万亩、罗城3000亩、融水约3000亩、融安约4000亩、龙胜约1.5万亩、资源2万亩,除乐业、资源、龙胜、南丹以外,其他县基本零星种植,总种植面积不超过10万亩;另外,上述适合猕猴桃种植的县大部分还没有发展猕猴桃种植产业。桂西北地区昼夜温差大、纬度低、海拔高,有利于猕猴桃营养物质的积累,是发展高档次猕猴桃最适宜的区域。

1. 乐业野生猕猴桃

【采集地】广西百色市乐业县。

【主要特征特性】叶片长椭圆状披针形。果实偏小，长椭圆形，当地俗称"马奶果"，果肉绿色，纵径约为1.89cm，横径约为1.12cm，平均单果重1.54g。花期在4~6月，果实成熟期一般在10~11月。

【优异性状及利用】野生猕猴桃资源，可为品种选育和改良提供新的种质材料。

2. 南丹野生猕猴桃-1

【采集地】广西河池市南丹县。

【主要特征特性】阔叶猕猴桃。果实多为圆形，较小，果肉绿色，纵径约为2.52cm，横径约为2.09cm，平均单果重3.94g，平均可溶性固形物含量为6.45%。花期在4~5月，果实成熟期在10月左右。

【优异性状及利用】野生猕猴桃资源，可为新品种选育和品种改良提供新的种质材料。

3. 南丹野生猕猴桃-2

【采集地】广西河池市南丹县。

【主要特征特性】当地俗称"羊奶果"。叶片表面光滑，蜡质，无茸毛。果实偏小，长椭圆形，果肉绿色，纵径约为2.79cm，横径约为1.52cm，平均单果重2.84g，平均总糖含量为11.00%，平均维生素C含量为11.8mg/100g，平均总酸含量为0.60%。花期在4～5月，果实成熟期在10月初左右。

【优异性状及利用】野生猕猴桃资源，可为杂交育种、遗传转化、组织培养等品种改良提供原始材料和基因库。

4. 南丹野生猕猴桃-3

【采集地】广西河池市南丹县。

【主要特征特性】叶片被茸毛，长椭圆状披针形。果实偏小，长椭圆形，果肉绿

色，纵径约为2.72cm，横径约为1.32cm，平均单果重2.48g，平均可溶性固形物含量为7.47%。花期在4～5月，果实成熟期在11月初。

【优异性状及利用】野生猕猴桃资源，可为种质创新、培育优良品种提供新的种质材料。

5. 三江野生猕猴桃

【采集地】广西柳州市三江侗族自治县。

【主要特征特性】叶片被茸毛，大叶马蹄形。果实较大，近圆形，果肉黄色，纵径约为4.87cm，横径约为3.89cm，平均单果重21.628g，平均可溶性固形物含量为8.30%。花期在4月，果实成熟期在10月。

【优异性状及利用】野生猕猴桃资源，可为新品种选育和品种改良提供新的种质材料。

第五节　樱　　桃

樱桃（*Cerasus pseudocerasus*）是蔷薇科（Rosaceae）李亚科（Prunoideae）樱属（*Cerasus*）的植物，果实形美色艳，营养丰富，是最早成熟、上市的落叶果树。欧洲樱桃比中国樱桃果大，统称为"大樱桃"，于19世纪70年代传入我国。中国樱桃在我国栽培历史悠久，已有3000年以上历史。中国樱桃分布广泛，除青藏高原、海南和台湾以外，北纬35°以南各省（区）均有分布。广西樱桃资源主要分布于百色市、河池市、柳州市、桂林市和来宾市等桂北高海拔地带，多为野生近缘种，尚未商业开发，近年毁坏较严重，亟须加强保护。

1. 融水野樱桃-1

【采集地】广西柳州市融水苗族自治县。

【主要特征特性】红花。果实鸡心形，果实较大，单果重1.7g，果皮深红色。果肉软，果汁多，深红色，味酸甜带苦涩味。2月上旬初花，4月下旬至5月上旬果实成熟。

【优异性状及利用】植株根系发达，耐潮湿，可用作南方樱桃的砧木。

2. 融水野樱桃-2

【采集地】广西柳州市融水苗族自治县。

【主要特征特性】红花。果实长圆形，果实大，单果重2.4g，果皮鲜红色。果肉软，果汁淡红色，味甜略带酸。2月上旬初花，4月中下旬果实成熟。

【优异性状及利用】植株根系发达，耐潮湿，可用作南方樱桃的砧木。

3. 融水野樱桃-3

【采集地】广西柳州市融水苗族自治县。

【主要特征特性】白花。果实圆形，果实小，单果重0.9g，果皮腥红色。果肉软，果汁淡红色，味甜略带酸。2月上旬初花，4月中下旬果实成熟。

【优异性状及利用】植株根系发达，耐潮湿，可用作南方樱桃的砧木。

4. 乐业野樱桃

【采集地】广西百色市乐业县。

【主要特征特性】白花。果实圆形，果实小，单果重1.1g，果皮橙红色。果肉软，果汁淡黄色，味甜。2月中旬初花，4月下旬果实成熟。

【优异性状及利用】植株根系发达，可用作南方樱桃的砧木。

第六节 无 花 果

一、概述

无花果（*Ficus carica*）是桑科（*Moraceae*）榕属（*Ficus*）的果树，原产于阿拉伯南部，后传入叙利亚、土耳其等地，目前地中海沿岸诸国栽培最盛（曹尚银，2002）。无花果是人类最早栽培的四大古老果树之一，《圣经》《古兰经》均有记载，种质资源丰富。无花果大约在唐代沿丝绸之路传入我国，至今有1300余年，长期对无花果的栽培驯化，在全国各地形成了多种多样的无花果种质资源。

广西种植无花果历史悠久，但大都零星栽培。近年来，由于无花果新品种和新技术的出现，无花果产量和品质大幅度提高，无花果种植者都取得了较好的经济效益，广西无花果种植面积逐年增加。

广西虽然不是无花果的原产地，但是无花果的榕属近缘野生种较多，如大果榕、薜荔等，在民间常把大果榕（*Ficus auriculate* Lour.）称为无花果。通过无花果与榕属近缘野生种进行种间杂交来改良无花果品质和抗性已有成功报道（Condit，1950；Yakushiji et al.，2012）。

二、资源调查收集保存鉴定情况

广西农业科学院园艺研究所自2005年起，先后承担了国家、广西及广西农业科学院的多个无花果科研项目，开展了无花果及其榕属野生近源种种质资源引进、收集、保存与鉴定工作，筛选出的无花果品种波姬红进行生产示范表现良好，深受种植户欢迎。近年来，园艺研究所新选育的4个无花果新品种生产示范表现优异，将为广西无花果产业发展奠定品种基础。

三、类型与分布

广西无花果栽培品种主要为普通型无花果类型，又分为鲜食品种、加工品种以及鲜食加工兼用品种。目前，生产上鲜食无花果品种主要以波姬红为主，有少量青皮及其他品种，加工品种以美丽亚、布兰瑞克为主，鲜食加工兼用品种以丰产黄为主。无花果在广西各地皆有种植，其中以南宁市、桂林市种植面积、规模最大。南宁市以鲜食品种波姬红为主，桂林市则以鲜食品种波姬红以及鲜食加工兼用品种丰产黄为主。

1. 大果榕

【采集地】广西南宁市宾阳县。

【主要特征特性】在广西民间常被认为是野生无花果，主要分布于桂南一些水分较多的潮湿山沟。常绿乔木，雌雄异株。叶片卵圆形，长约25.0cm，宽约20.0cm。果实簇生树干上，梨形或扁圆形，被柔毛，成熟果皮深红色，单果重80.0～150.0g，一般在春、夏或秋季成熟，果实内常见榕小蜂共生。

【优异性状及利用】果实大，皮厚，抗性强，是无花果进行种间杂交的重要育种材料。

2. 波姬红

【采集地】广西南宁市武鸣区。

【主要特征特性】普通型双季无花果品种。长势较旺,分枝多,枝条绿褐色至浅褐色,顶芽绿色。成熟叶片多为5~7裂掌状缺刻,长约22.0cm,宽约18.0cm,平展状,两面被茸毛。果实梨形至长圆形,单果重80.0~100.0g,果皮较薄,红色至紫红色,果肉浅红色至红色,果目略有打开,可溶性固形物含量为12.0%~14.0%。

【优异性状及利用】外观鲜艳吸引人,丰产,口味清甜,是休闲观光采摘的适宜品种。

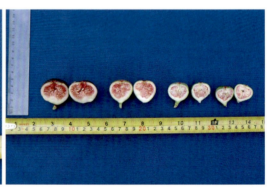

3. 荔浦棕

【采集地】广西桂林市荔浦市。

【主要特征特性】在荔浦县发现的一个鲜食加工兼用无花果资源。普通型双季无花果品种。长势中庸,枝条浅褐色至深褐色,顶芽绿色。成熟叶片多为3~5裂掌状缺刻,长约15.0cm,宽约12.0cm,平展状,两面被茸毛。果实梨形至长圆形,单果重30.0~50.0g,果皮薄,常见开裂,黄棕色至深棕色,果肉

龙州释迦	123		Q	
龙州野蕉	63		钦州野生柿-1	153
隆安大蕉	67		钦州野生柿-2	154
隆安野外种	104		钦州野生柿-3	155
绿色种莲雾	126		青皮红心柚	25
M			**R**	
马来西亚B17	121		容县沙田柚	19
马山野生柿	156		容县野生柿	157
马水橘	14		融水野樱桃-1	166
毛葡萄-1	139		融水野樱桃-2	166
毛葡萄-2	140		融水野樱桃-3	167
毛葡萄-3	141		软枝大乌圆	52
毛葡萄-4	142			
毛葡萄-5	142		**S**	
毛葡萄-6	143		三德柑	3
茂谷柑	8		三红蜜柚	23
玫瑰香柑	9		三江野生猕猴桃	165
绵毛葡萄-1	149		三滩冰糖果	54
绵毛葡萄-2	150		沙柑	5
绵毛葡萄-3	151		沙糖橘	11
			蛇葡萄	148
N			神湾	89
那龙矮蕉	74		石硖	59
南丹黄腊李	161		双核苦皮	110
南丹野生猕猴桃-1	163		水晶	107
南丹野生猕猴桃-2	164		水英达	86
南丹野生猕猴桃-3	164		四季蜜	58
南丰蜜橘	12		四季蜜杧	82
宁明香蕉	65		四两果	40
牛心番荔枝	124		酸橘	33
纽荷尔脐橙	15		酸柚	31
糯米糍	48		穗中红	100
P			**T**	
凭祥矮蕉	66		台农11号	91
葡萄荔	39			

台农 13 号	92	**Y**	
台农 16 号	96	阳朔大蕉	67
台农 17 号	96	野酿 2 号	138
台农 1 号	86	野葡萄 -2	147
台农 21 号	97	野生荔枝 1 号	36
台农 4 号	91	野生龙眼	50
台农 6 号	98	野生葡萄 -1	146
塘尾	41	野生山金柑	30
藤县中秋 1 号	54	野外红肉 1-7	104
田东粉蕉	73	银粉 1 号	80
田阳香杧	86	印尼大果	127
甜黄皮 1 号	111	英山红	47
甜黄皮 3 号	112	硬枝大乌圆	52
土柠檬	26	永福野生蕉	64
土种	88	尤力克柠檬	27
		玉麒麟	42
W		御红龙	105
涠洲岛矮蕉	74	圆黄皮	108
温州蜜柑	6		
沃柑	7	**Z**	
无核红江橙	17	早熟荔枝 3 号	37
无核黄皮	112	砧板柚	21
无核沃柑	8	镇奉	47
无籽沙糖橘	11	枳橙	35
		枳壳	32
X		资阳香橙	34
西瓜菠萝	98	资源大蕉	66
西乡塘鸡蕉	68	紫花杧	87
腺枝葡萄	148	紫荔	43
香蜜黄皮	110	紫荔 3 号	43
香水柠檬	27	紫色钻石	171
小果葡萄 -1	145	紫星	172
小果葡萄 -2	146		
小叶葡萄 -1	152		
小叶葡萄 -2	152	W. 默科特	9